2판

패턴으로 익히는
생생
조리영어

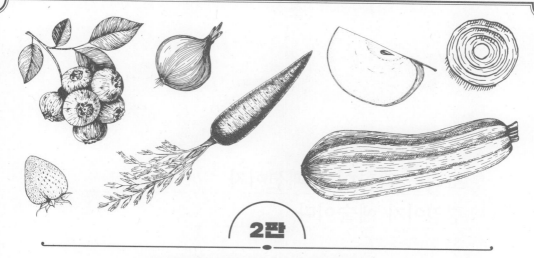

2판

패턴으로 익히는
생생
조리영어

교문사

조리는 과학이자 패션이자 경영이자 예술이다.

21세기는 다방면의 지식을 끊임없이 흡수하고 소화해내는 능력을 가진 사람만이 살아남을 수 있는 지식사회이다. 조리를 잘 한다는 것은 이제 조리 기술만의 문제가 아니다.

지금 세계는 교통과 통신의 발달로 그 어느 때보다 지리적으로 더 가까워졌고 사람들은 국경을 넘나들면서 자신의 생각과 아이디어를 타인과 공유하고 있다. 글로 된 문장에서 동영상 강의까지, 우리는 인터넷을 통해 수많은 정보를 손끝에 두고 있다. 정보가 없어서, 어떻게 하는지 몰라서 도전하지 못하던 일이 점점 옛날 얘기가 되었다. 이제 인터넷에 떠도는 정보는 그 폭과 깊이 면에서만 보자면 특정 교육기관이나 교육자의 수준을 넘어서는 경우도 많다. 이런 시대를 살아가는 우리에게 꼭 필요한 것은 수없이 많은 그 정보들을 어떻게 빨리 효과적으로 선별하고 나의 것으로 만들어 세상과 계속 호흡해 나가느냐 하는 것이다.

원하든 원하지 않든지 간에 우리는 이제 더 이상 지리적 의미의 한국이라는 좁은 울타리를 무대로 살아갈 수 없다. 외국 문화는 실시간으로 우리에게 전달되고 우리의 것도 클릭하는 순간에 해외로 퍼진다. 소통은 일상이 되고 생존을 위해서 우리는 언어라는 장막을 걷어 소외로부터 탈출해야 한다.

사람이 개별적으로 존재하는 하나의 섬이라면, 언어는 그 섬들을 연결해 주는 교통수단이다. 배가 없으면 바다는 고립의 상징일 뿐이다. 뱃길은 누가 만들어 놓을 수 있지만, 그 뱃길에서 새로운 무언가를 만들어 내는 능력은 각자의 노력과 지혜와 경험인 것이다. 세상이 발달해서 아무리 번역기가 좋아진다고 하더라도 기계가 사람과 사람이 얼굴과 얼굴을 맞대는 의사소통의 순간까지 끼어드는 데는 아직 시간이 더 걸릴 것이다.

미래는 내일의 꿈이 머무는 공간이지만 우리의 현실은 오늘에 있다. 어떤 이는 '영어는 영어일 뿐'이라며 영어 앞에 무슨 말을 붙이거나 전공과 관련된 영어 교재의 한계를 논하곤 한다. 맞는 말이다. 하지만 굳이 '영어'라는 단어 앞에 '조리'라는 말을 붙여가며 기초 수준의 책을 다시 엮는 이유는, 행여 조리에 관심이 있거나 그 일에 종사하시는 분들이 생활에서의 필요에도 불구하고 영어와 더 가까워질 수 없는 자신만의 한계 때문에 무한한 성장가능성의 문을 스스로 닫아버리지 않을까 하는 걱정 때문이다. 기초가 없는 상태에서 넓은 영어의 세계에 용기 있게 뛰어들었다가 이내 길을 잃고 영어와 더 멀어지는 악순환을 반복하는 경우가 많다. 적어도 자기 전공 분야에서만이라도 영어를 도구로 쓰는 행복감을 느낄 수 있도록 해 주는 것이, 운 좋게 먼저 얻은 얄팍한 지식을 사회적으로 가장 효율성 있게 쓰는 길이라고 믿는다.

부디 이 책이 어떻게 영어에 쉽게 다가가야 할지 모르고 망설이는 조리인 분들에게 즐거운 여행의 길라잡이가 될 수 있기를 희망한다.

2022년 1월
이수부, 김태현, 김태형

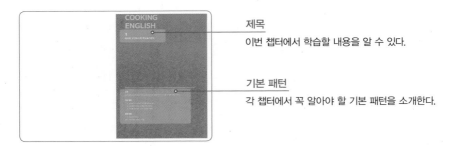

제목

이번 챕터에서 학습할 내용을 알 수 있다.

기본 패턴

각 챕터에서 꼭 알아야 할 기본 패턴을 소개한다.

본문

쓰임새와 각종 예문을 통해 패턴의 이해력을 길러준다.

알아두면 쏠쏠한 상식

알아두면 좋은 키친 상식이 담겨 있다.

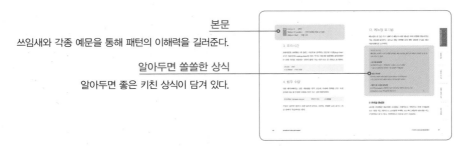

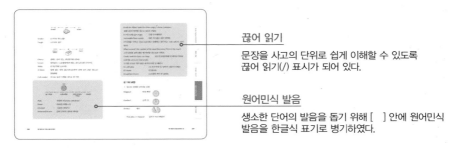

끊어 읽기

문장을 사고의 단위로 쉽게 이해할 수 있도록
끊어 읽기(/) 표시가 되어 있다.

원어민식 발음

생소한 단어의 발음을 돕기 위해 [　] 안에 원어민식
발음을 한글식 표기로 병기하였다.

부록: 그림 보고 이름 알아 맞추기

요리에 관련된 이미지들을
보면서 학습한 내용을 확인하도록 한다.

자신감 UP

각 챕터에서 학습한 내용을 간단한 퀴즈를 통해
스스로 체크하도록 한다.

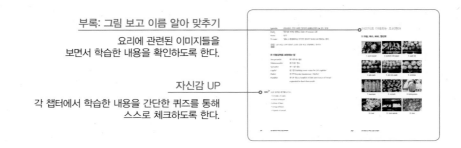

차례

1장

레시피 구성요소와
메뉴표기방식

COOKING ENGLISH

1
레시피 구성요소와 메뉴표기방식

소개

이번 장에서는 레시피의 구성요소를 통해 레시피를 한눈에 파악할 수 있는 힘을 기른다.

학습 목표

1. 레시피의 구성요소 3가지를 말할 수 있다.
2. 메뉴명에 쓰이는 상태동사를 학습한다.
3. 메뉴를 표기하는 3가지 방법을 익힌다.

본문 내용

1. 메뉴명의 표기
2~11. 레시피에 포함되는 내용

영문 레시피는 크게 메뉴명, 재료 및 손질방법, 조리법의 3종류로 크게 구성된다.

　각각의 구성에 들어가는 내용은 이어지는 별도의 장에서 설명하기로 하고 이번 장에서는 메뉴명을 적는 방법과 기타 레시피에 포함되는 내용을 개괄적으로 설명하고자 한다.

1. 산출량

산출량(Yield)은 들어가는 재료로 만들 수 있는 양이 얼마인지를 알려주는 것으로, 인분의 형태로 표현되거나 특정한 단위를 그대로 쓰기도 한다. 일반적인 레시피에는 인분 앞에 쓰여 이 재료로 만들 수 있는 산출량을 가리킨다.

Yield: 1 loaf　빵 1개 분량

2. 인분

영문 레시피에는 일반적으로 주어진 재료를 가지고 만들 수 있는 산출량을 인분으로 표기해 주는데, 여기서 인분을 나타내는 영어는 portion이나 serving이다.

Yield: 4 portions(4인분)
Yield: 8~10 **servings**(8~10인분)
* serving이나 portion과 같이 명사로 적을수도 있지만, 아래와 같이 동사의 형태로 적기도 한다.

예문
Serves 2　　2인분
Makes 12 cookies　　쿠키 12개를 만들 수 있음
Makes 1 loaf　　식빵 1개

3. 조리시간

조리시간은 조리하는 데 걸리는 시간으로 준비하는 밑손질 시간(prep time)과 본 조리시간(cooking time)을 따로 적기도 하는데, 일반적인 레시피에서는 전체 시간을 가리키는 경우가 많다. 주로 시간 또는 분 단위로 표기한다.

30 min　　30분
1 1/2 **hour**　　1시간 30분

4. 발주 수량

영문 레시피에서는 보통 재료명을 먼저 쓰는데, 수량과 단위를 쓰는 우리 방식과 다르게 수량과 단위를 먼저 쓰는 것이 일반적이다.

2~3 Tbs balsamic vinegar　　발사믹 식초　　**2~3큰술**

수량은 정수인 경우가 가장 많으며 분수도 쓰인다. 자세한 숫자 읽기는 다음 장에서 학습하기로 한다.

5. 계량 단위

계량단위는 주로 재료를 낱개로 셀 수 있는 발주 단위[can(캔), ea(개), pk(팩) 등]로 적거나 계량이 필요한 경우 부피나 무게로 표시한다. 미터법을 쓰는 미터표기에는 무게인 경우 g. kg. 등이 있고 자체 도량형을 쓰는 영국식에는 lb(pound)가 있다. 영국식 부피 단위로는 Pt(Pint), quart(쿼트), Gallon(갤론) 등이 있으며, 우리나라의 경우에는 큰 술(Tbs), 작은 술(tsp), 컵(cup)과 같은 단위를 쓰고 있다. 미국은 전 세계 표준방식인 미터법을 공식적으로 권장하지만, 레시피 표기에서는 아직도 영국의 영향이 많아 부피 계량인 경우 파운드, 파인트, 갤런을 많이 쓰고 있다.

3 tsp	3작은술
1 Tbs	1큰술
2 1/2 cup	2 1/2컵
2/3 quarts	2/3쿼트
4 Gallons	4갤론

6. 재료이름

재료이름은 수량과 발주 단위 다음에 나오며 일반적으로 다음과 같이 표기된다.

3~4 sprigs fresh thyme	타임 3~4줄기
1/2 cup extra virgin olive oil	엑스트라 버진 올리브오일 1/2컵

재료이름은 레시피를 이해하는 데 가장 기본이 되며 그 수량이 많으므로

본서에서는 3~5장에 걸쳐 종류별로 식재료의 종류에 대해 학습한다.

7. 재료 밑손질에 주로 쓰이는 말

재료 밑손질을 나타내는 말은 일반적으로 영문 레시피에서 다음과 같은 형태로 쓰인다.

1/2 # Prosciutto, **finely chopped**	**곱게 다진** 프로슈또 햄 1/2파운드
4 cup **Matignon**	**마티뇽** 4컵

손질을 나타내는 표현에는 커팅(cutting) 방법을 나타내는 표현(예: dice, brunoise, julienne, chiffonade 등)과 재료의 조합으로 만들어진 일반화된 혼합재료명 등이 있다(sachet d'epices, bouquet garni 등).

8. 움직임을 표현할 때

레시피를 만드는 법에 나오는 제조방법 설명은 일반적으로 동사로 시작하는 영문 문장이며, 명령형의 형태를 띤다.

Cut it into 4 pieces	4조각으로 **썰어라**

동사는 그 성질에 따라 목적어와 같이 쓰이거나 목적어 없이 쓰이기도 하는데 문장을 이해하기 위해서는 동사에 대한 이해가 가장 중요하다고 할 수 있으므로 7장에서 기본 동사를 학습한다.

9. 주방장비와 도구

주방장비와 도구명은 주로 동사의 움직임이 일어나는 대상이 되거나 전치
사와 같이 쓰여 주어와 동사를 보조해주는 역할을 한다.

- 동사의 목적어로 쓰이는 경우
  Heat **the pan** over high heat　　　센 불에서 **팬을** 달군다

- 전치사와 함께 쓰이는 경우
  Bake it in **the oven**　　　　**오븐에서** 굽는다

전치사와 결합하여 쓰이는 경우에는 위의 예문과 같이 in the oven이라는
구(句)로 묶어서 움직일 수 있으며, 이런 형식의 단락은 문장의 어디에 놓아
도 원어민이 의미를 이해하는데 거의 문제가 없다. 따라서 장비명이나 도구
명은 그 뜻 자체뿐만 아니라 문장 안에서 동사나 전치사와 함께 덩어리로
함께 익히는 것이 좋다.

10. 시간과 공간을 제한하는 말

명사 앞에 등장하여 또 하나의 의미 단락을 형성하게 해주는 전치사나 문
장과 문장 사이에서 원인, 결과, 이유 등을 나타내는 접속사가 영문 레시피
에는 자주 등장한다.

Cook until done　　　　다 익을 때까지 조리하라
Before it gets too cold　　너무 차가워지기 전에

11. 재료의 상태를 나타내주는 말(형용사)

형용사는 맛, 크기, 모양, 색, 온도, 농도, 질감 등을 표시할 때 주로 쓰이는데 동사와 함께 쓰여서 주어를 서술해 주거나 명사를 수식할 때 주로 쓰이고 위험하거나 긴급할 때는 단순히 반복하여 쓰이기도 한다.

At a low temperature	낮은 온도에서
It tastes good	맛이 좋다
Hot, hot, hot	뜨거워요 뜨거워, 뜨거워! (강조)
Nice and clean	깨끗한

12. 움직임을 더 생생하게 해주는 꾸밈말(부사나 구)

레시피에 쓰이는 부사는 동사를 수식하거나 형용사를 수식하는 데 주로 쓰인다.

Freshly ground pepper	방금 갈은 후추
Cut it lengthwise	길이로 자르다
Stirring frequently	자주 젓는다.

위의 모든 구성요소들이 모여서 하나의 레시피가 완성된다. 각각의 요소는 별개로 존재하기보다 다른 요소들과 어울려 다양한 형태로 변신하면서 쓰이므로 패턴을 통해 문형을 익히는 것이 가장 좋다. 그럼 이제 레시피 여행을 떠나 보자.

13. 메뉴명 표기법

메뉴명은 음식을 먹기 전에 이 메뉴가 어떤 재료를 써서 어떻게 만들어졌는지를 한눈에 보여주는 것으로 메뉴 선택에 있어 매우 중요한 구실을 하는 커뮤니케이션 도구이다.

메뉴명 표기법
메뉴명의 표기는 크게 조리법 중심형, 재료 중심형, 형식 및 스타일 중심형 등 세 가지로 나눌 수 있다.

- **조리법 중심형**
조리법(동사+ed) + 식재료명 + with + 소스/드레싱
~ (소스/드레싱)을 곁들인 ~게 조리한 ~(재료명)

- **재료 중심형**
Garden salad with baked goat cheese and fresh thyme
구운 산양치즈와 프레시 타임을 곁들인 가든 샐러드

- **형식 및 스타일 중심형**
Beef bourguignon 와인을 넣은 부르고뉴 지방의 쇠고기 스튜
Muligatony soup 인도풍의 커리 수프

1) 조리법 중심형

조리법 중심형은 메뉴명에 조리법을 구체적으로 적어주고 후에 주재료와 소스 등을 적는 방식으로 조리법과 주메뉴, 소스와 드레싱이 중요성을 띠는 구성이라고 할 수 있고, 일반적으로 다음과 같이 구성된다.

Grilled chicken with honey mustard sauce
허니 머스타드 소스를 곁들인 그릴에 구운 치킨

Saut ed Medallions of Pork with Winter Fruit Sauce
겨울 과일 소스를 곁들인 돼지고기 메달리온

Broiled Chicken Breasts with Fennel
펜넬을 곁들인 닭 가슴살 구이

Grilled Lamb with Fresh Mango Chutney
망고 쳐트니를 곁들인 양고기 구이

조리법 중심형으로 자기의 메뉴를 표기하기 위해서는 다음과 같은 순서를 밟는다.

- **STEP 1** 조리동사 + ~ed
  grill(그릴에 굽다) + ed → grilled(그릴에 구운)

- **STEP 2** 식재료명과 연결하기
  grilled(그릴에 구운) + chicken(닭) → Grilled Chicken(그릴에 구운 치킨)

- **STEP 3** 전치사 + 소스/드레싱의 이름 써주기
  with honey mustard sauce
  Grilled Chicken + with + Honey Mustard Sauce(허니 머스터드 소스)
  (with 다음에는 재료가 오기도 하며 우리말 해석은 "곁들인"이라고 한다.)

그럼 여기서 STEP 1에 쓰이는 조리동사에 어떤 것이 있는지를 살펴보자. 일반적으로 가열조리에 쓰이는 동사는 건열조리, 습열조리, 복합조리의 3가지로 크게 나눌 수 있으며, 다음과 같은 단어가 주로 쓰인다.

동사

roast	→	roasted	로스트한
bake	→	baked	오븐에 구운
broil	→	broiled	브로일한(오븐의 윗불로 구운)
barbecue	→	barbecued	바베큐한(장작에 구운)
saut	→	sauteed	팬에서 살짝 볶은
fry	→	fried	기름에 튀긴
steam	→	steamed	찐
poach	→	poached	살이 터지지 않을 정도의 낮은 불에서 삶은
braise	→	braised	찜을 한
stew	→	stewed	뭉근한 불에서 찐

이 메뉴 표기 방식은 서양조리에서의 개별 메뉴 구성이 열에 의해 조리된 주재료와 거기에 곁들여지는 소스로 구성되어 있다는 사실을 잘 반영해 주고 있으며, 아직도 많은 레스토랑들이 이렇게 메뉴를 표기하고 있다.

다음 예문을 통해 조리법 중심형 메뉴의 구성을 다시 한 번 살펴보고 해석을 해 보자.

예문
Pan Seared Tuna/with Beurre Blanc
Steamed Eggplant/with Korean Soy Sauce Dressing
Grilled Jumbo Shrimp/with Mango Chutney
Deep Fried Potatoes/with Tomato Ketchup

해석	버블랑 소스를 곁들인 양면을 살짝 구운 참치 요리
	한국식 간장소스를 곁들인 찐 가지 요리
	망고처트니를 곁들인 그릴에 구운 점보새우 요리
	토마토케첩을 곁들인 감자튀김

2) 재료 중심형

이 방식은 재료의 이름을 단순히 "쉼표(,)"를 이용해 메뉴에 들어가는 재료를 나열하는 방식으로, 주재료는 앞에 쓰고 부재료를 뒤에 붙여 쓴다. 고객에게 메뉴에 들어가는 모든 재료 정보를 제공함으로써 고객이 체질이나 성향에 따라 메뉴를 고를 수 있도록 배려하는 방식이며, 특정 재료에 대한 알레르기가 있는 고객에게는 예상치 못한 재료로 인해 기분을 망치는 일이 없도록 도와준다. 또 주문을 받는 사람이 메뉴에 들어가는 재료를 일일이 설명하지 않아도 되는 것이 장점이 될 수 있다.

예문	Spinach wrapped Sea Urchin Roe, Spicy Hollandaise,
	Shiitake Mushroom
	표고버섯과 매콤한 홀랜다이즈 소스를 곁들인 시금치에 말은 성게알
	Terrine of Foie Gras, Black Truffles, Tricolored Pasta, Prosciutto
	and Fresh Herb Tomato Sauce
	허브 토마토소스, 프로슈또햄, 삼색 파스타, 블랙트뤼플을 넣은 프아그라 테린

3) 형식 및 스타일 중심형

이 표기 방식은 메뉴를 만드는 일정한 형식(스타일)이나 처음 만든 사람의 이름을 따서 표기하는 것이다.

이런 표기법에 해당하는 메뉴 표기에는 어떤 것이 있을까? 다음 메뉴의 뜻을 찾아보자.

예문

Vissychoise [비쉬슈와]

Chicken **Cacciatore** [치킨 카챠토레]

Ceviche [세비체]

Bibimbap [비빔밥]

실전연습

1. 다음의 한글메뉴를 본문에서 학습한 공식을 이용하여 영문으로 옮겨 보시오.

① 로스트한 치킨(chicken, roast)

_____

② 구운 감자(potato, bake)

_____

③ 그릴에 구운 스테이크(steak, grill)

_____

④ 익힌 쌀(rice, cook)

_____

2. 다음 메뉴명을 해석하시오.

① Green beans with caramelized shallots

_____

② Roasted beef with carrots and onions

_____

③ Roasted acorn squash, shallots, and rosemary

_____

④ Grilled chocolate sandwich

_____

⑤ Pork dumplings with lemongrass broth

_____

⑥ Roasted cauliflower and green chili soup with blue cheese sauce

_____

⑦ Black bean soup with toasted cumin and three relishes

_____

⑧ Grilled calamari and sweet onion salad with green chili vinaigrette

_____

⑨ Poached salmon with smoked chili dressing

_____

⑩ Smoked shrimp cakes with roasted corn

_____

⑪ Pan-seared duck breast with red wine sauce

_____

2장

▼ ▼ ▼

수량과 발주 단위

COOKING ENGLISH

2
수량과 발주 단위

소개

이번 장에서는 계량의 기본이 되는 단위, 발주 수량 읽는 법과 단위 환산법을 학습한다.

학습 목표

1. 숫자를 올바르게 읽을 수 있다.
2. 발주의 단위를 이해한다.
3. 발주 단위 환산법을 이해한다.

본문 내용

1. 숫자 읽기
2. 발주 단위
3. 단위 환산

1. 수량(quantity)

요리의 기본은 계량에서 시작된다. 일정한 맛이 나도록 표준화된 단위를 알아두면 어떤 레시피를 보더라도 바로 만들 수 있기 때문이다. 한국은 1컵이 200ml 기준이지만, 서양은 1컵이 247ml(약 240ml)이다. 다행인 것은 계량스푼은 단위가 같아 컵의 양만 조금 신경 써서 외워두면 손쉽게 요리를 할 수 있다(마트에서 파는 버터 1블럭은 16온즈로 1파운드이고, 무게로는 약 454g이다. 한국에서 1,000ml 우유 한 팩은 미국에서 960ml이다).

1) 정수 읽기

이 장에서는 레시피에 등장하는 숫자를 읽어보자.

개수를 읽을 때는 하나, 둘, 셋을 one carrot, two carrots, three onions와 같이 복수인 경우에 s만 붙여주면 된다.

숫자 읽기

No.	기수	서수	
1	one	first	1st
2	two	second	2nd
3	three	third	3rd
4	four	fourth	4th
5	five	fifth	5th
6	six	sixth	6th
7	seven	seventh	7th
8	eight	eighth	8th
9	nine	ninth	9th
10	ten	tenth	10th

개수를 읽을 때	하나(한 개),	둘(두 개),	셋(세 개)
	one	two	three
단수일 때	one carrot		
복수일 때	two carrots		
Whole	통째		
Half	반쪽		
1/4	1/4개 a quarter		

통 양파 한 개와 양파 반쪽(a whole onion과 half an onion)을 말할 때 whole은 통으로 한 개이고, a half는 반쪽이다.

whole은 꼭 양을 나타낼 때만 쓰는 건 아니고, whole chicken(통 닭), whole two hours(꼬박 두 시간)와 같이 전체를 의미하는 뜻으로도 쓰인다.

half를 쓸 때 주의할 점은 반드시 명사 앞에서 수량의 절반을 나타낼 때는 전치사 없이 바로 써야 한다는 것이다. 이 법칙은 몇 배를 셀 때도 같이 적용된다.

Half a dozen	6개
Half a cup of coffee	커피 반 컵

2) 분수 읽기

분수인 경우에는 앞은 숫자를 그대로 읽고 분모는 third, fourth, fifth 등과 같이 읽는다. 주의할 점은 분자가 '1' 이상인 경우에는 반드시 분모에 's'를 붙인다.

예외	1/2	a half
	3/4	Three quarters or three fourths
	4/5	four fifths

● 공식: 정수 + and + 분수

분수 앞에 정수가 있는 경우에는 정수를 먼저 읽어주고 and를 붙인 다음 분수를 읽어준다.

2 ½	two and a half
3 ½	three and a half
3 ¼	three and a quarter
1 ¾	one and three quarters
1 ½	one and a half

3) 소수 읽기

소수인 경우에는 우리말 '점'을 'point'라고 읽어 주면 된다.

10.5	Ten point five
50.8 ml	fifty point eight milliliter
5×5	가로×세로 즉, '가로와 세로를 5cm로 썰다'라는 뜻이며 '×'는 by라고 읽는다(five by five).

표준 표기법

우리가 수학과 관련된 영어문제를 풀기 위해서는 영어로 숫자를 셀 수 있어야 한다. 다음은 영어로 숫자를 표기할 때 사용되는 각각의 자리에 대해서 알아보기로 하자.

 예를 들어, 어떤 가게에서 연간 1,234,567,891개의 햄버거를 팔았다고 한다면 어떻게 읽을 수 있을까요?

PLACE VALUE CHART											
Trillions			Billions			Millions			Thousands			Ones		
					1	2	3	4	5	6	7	8	9	1
Hundreds	Tens	Ones	Hundreds	Tens	Ones	Hundreds	Tens	Ones	Hundreds	Tens	Ones	Hundreds	Tens	Ones
			One Billions			234 Millions			567Thousands			891		

⇧

Two hundreds Thirty Four Millions

[1,234,567,891]

1,000,000,000 = One Billions
200,000,000 = Two hundreds Millions
30,000,000 = Thirty Millions
4,000,000 = Four Millions
500,000 = Five hundreds Thousands
60,000 = Sixty Thousands
7,000 = Seven Thousands
800 = Eight hundreds
90 = Ninety
1 = One

= One Billions, Two hundred Thirty-Four Million,
　　1,　　　　234,

Five hundred Sixty-Seven Thousand,
　　　　567,

Eight hundred Ninety-One
　　　891

[문제]

① 354,702 = Three hundred fifty-four thousand, seven hundred two

② 7,754,211,577 = Seven billion, seven hundred fifty-four million, two hundred eleven thousand, five hundred seventy-seven

③ 43,550,651,808 = Forty-three billion, five hundred fifty million, six hundred fifty-one thousand, eight hundred eight

사칙연산하기

Add(+) (+, 더하기)		Subtract(-) (-, 빼기)	
73	Add	73	Subtract
+ 10		- 10	
83	⇒ We get 3 ones, 3 + 0	63	⇒ Taking away 0 from 3 gives 3
			⇒ Taking away 1 from 7 gives 6

Multiplication(×) (×, 곱하기)

```
    73
×   10      Multiply

   .70      ⇒ Multiply the 3 ones by 0
                : 3 × 0
            ⇒ Multiply the 7 tens by 1
                : 7 × 1
  _____    ⇒ Multiplying by 10
+  730         (We write a 0 and then
               multiply 73 by 1)
  _____
   800      ⇒ We can get 803,
               70 + 730 = 800
```

Division(÷) (÷, 나누기)

```
   73       7    ⇒ Think : 70 tens ÷ 10.
-  10    10 ⟌ 7 3
                 ⇒ Estimate 7 tens.
            7 0     multiply 10 × 7 = 70
⇒ 7.3               and subtract
          _____
            3    ⇒ The remainder,
                    3, is less than the
                    divisor, 10.
⇒ We get 7.3 : after the remainder
   3 make 30 by adding 7. (decimal
   point): 30 ÷ 10 = 3
```

[단위 전환 문제]

1. 45ml = 9tsp   2. 3T = 9tsp   3. 1ml = 0.2tsp

4. 18tsp = 6T   5. 8cups 4pints = 16cups

6. 110# 14oz = 110.88#   7. 0.125 = 6tsp

8. 2# 9oz = 41oz   9. 3gal 2qt = 56cups

2. 발주 단위(unit)

중량을 세는 단위에는 다음과 같은 것이 있다.

1) 중량 단위

kg   킬로그램(kilogram)

g   그램(gram)

lb, #   파운드(pound)

Ibs, #   파운즈(복수형 pounds)

oz   온스(실제 원어민 발음은 [아운스]처럼 들림)

1 pound(1 lb, 1 #) = 16 oz	1kg = 2.21 pounds
1oz = 28.35 g ≒ 30 g	1L = 33.8 fl oz

부피는 가루나 액체 재료를 잴 때 자주 사용한다(밀가루, 간장, 기름 등).

2) 부피 단위

tsp/t   작은술(Teaspoon) = 5ml

Tbs/T   큰술(Tablespoon) = 15ml

Cup/C   컵(16 Tbs= 8 oz)

Fluid ounce(fl oz)   플루이드 온스(1c = 8fl oz)

Pint(pt)   파인트(2 Cup = 16 oz)

Quart(8qt)   쿼트(거의 1리터에 해당)[쿼-르트]

Gallon(G)   갤론(4 Qt = 128 oz)

1T = 15ml

1t = 5ml

QUIZ? 다음의 빈칸을 채우시오.

3lb 12oz	(①)Kg	boneless veal top round	
cut into ten 6-oz	(②)g	portions	
2tsp (1T=0.34oz)	(③)g	salt	※ 힌트: 1oz=28.35g
1tsp (1T=0.21oz)	(④)g	ground black pepper	
3oz	(⑤)g	all-purpose flour(optional)	
2floz	(⑥)ml	clarified butter or oil	
1/2oz	(⑦)g	minced shallot	
6floz	(⑧)ml	white wine	
24floz	(⑨)g	Marsala Sauce	
5oz	(⑩)g	butter, diced(optional)	

3) 도량형 단위의 차이

Metric system(미터법)

Imperial system/US system(영국/미국식 도량형)

구분	Metric system	Us/Imperial system
부피	ml, l cc(cubic centimeter)=ml	tsp, Tbs, Cup, Pint, Quart, Gallon
무게	g, kg	oz, #
길이	mm, cm, m	inch, feet, yard

4) 단위 환산

단위환산표

				1 T	3 t	0.5 fl oz	15 ml
				2 T	6 t	1 fl oz	29.59 ml
			1 c	16 T	48 t	8 fl oz	240 ml
		1 pt	2 c	32 T	96 t	16 fl oz	480 ml
	1 qt	2 pt	4 c	64 T	192 t	32 fl oz	960 ml
1 G	4 qt	8 pt	16 c	256 T	768 t	128 fl oz	3,840 ml

5) 온도

화씨 Fahrenheit °F [화아렌하이트]

섭씨 Celsius ℃ [쎌씨어스]

가끔 양이 많은 식재료의 경우는 다음과 같이 포장된 상태로 표기되는 경우도 있다.

6) 포장 단위

표기	뜻	예문	뜻
Each	개	1 egg	달걀 1개
Pack	봉지	1 Ramen	라면 한 봉지
Packet	(한약 같은) 봉지	1 Packet	(한약) 한 봉투
Bottle	병	a bottle of wine	와인 한 병

(계속)

Jar	병		a jar of jam	잼 1병
Can	캔		a can of tuna	참치캔 1개
Carton	(우유 등 카톤 팩에 든 것) 통	1 carton of milk		우유 1팩
Box	박스		1 box of apple	사과 1박스
Bag	자루		a bag of onion	양파 1자루
Dozen	12개짜리 포장(a dozen eggs)		a dozen of eggs	12개 들이
Sheet	장		2 sheets of gelatin	판젤라틴 2장
Loaf	덩어리		a loaf of bread	식빵 1개

7) 채소 등을 셀 때 주로 쓰는 단위

Stalk	(셀러리, 대파 등) 줄기
Bunch	(시금치, 파 따위의 묶음) 단, bn으로 표기
Sprig	(타임, 로즈마리 등) 한 줄기
Clove	(마늘) 한 쪽
Bulb	(마늘 따위) 통
Cob	(옥수수) 낱알이 달린 자루
Ear	(옥수수) 한 자루
Kernel	(곡물) 낱알
Head	(양배추 등) 포기

8) 적은 양을 표현하는 단위

Touch	(소금, 후추 등) 아주 약간
Pinch	(엄지와 검지 중지로 집는) 한 줌/한 꼬집

Sprinkle	(파프리카, 가루 따위) 엄지와 집게손가락으로 집는 분량
Dash	(참기름 따위) 방울(a dash of sesame oil)
Some	약간
To taste	'맛보고 결정한다는 뜻'이며 줄여서 'tt'라고 표기하기도 한다.

 salt tt라고 쓰여 있으면 소금은 간을 보고 결정하라는 뜻이다.

9) 어림짐작을 표현하는 말

Teaspoonful	한 작은술 정도
Tablespoonful	한 큰술 정도
Spoonful	한 스푼 정도
Cupful	컵 정도(Adding more water by 3/4 cupfuls)
Fistful	한 주먹(oyster mushroom 1 fistful)
Handful	한 줌 정도(a handful of fish and loaves of bread expanded to feed thousands)

QUIZ 다음 단어를 해석해 보시오.

- A bottle of soda:

- A loaf of bread:

- A box of rice:

- A bag of flour:

- A pack of cereal:

10) 크기(대, 중, 소)

사이즈(Size) 관련 표현은 다음과 같다.

Extra large	특대 사이즈
Large	대
Medium	중
Small	소

이 외에 구체적인 설명(specification)이나 사이즈(size)를 말하는 경우도 있다.

5 cm long strips	5cm 길이
5×5×5 cm cubes	5cm 정육면체
2~3 cm wide	2~3cm 너비

패스트푸드점(fast food) 같은 데서 중간 사이즈는 regular라고도 한다. 커피 전문점 같은 곳에서는 short(작은 것), tall(보통), grande(대)라는 말도 쓰는데, 이는 해당 영업장소에만 쓰는 이름이라고 이해하면 된다.

QUIZ? 다음 밑줄에 알맞은 것을 쓰시오.

- You have purchased 100/16oz cans of grated cheese for ₩300,000. How much would a one cup portion for a Pizza cost?(1cup=4oz)
- How much would one cup of milk cost if you purchase milk by the gallon for ₩ 10,000?

실전연습

1. 다음 그림을 보고 영어로 표현하시오.

- 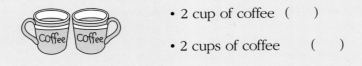 양파 1개 　　　　(　　　　　　　　　　)

- 양파 1/2개 　　　(　　　　　　　　　　)

- 양파 1/4개 　　　(　　　　　　　　　　)

- 통마늘 　　　　　　　(　　　　　　　　　　)
- 마늘 한 쪽 　　　　　(　　　　　　　　　　)

2. 다음 내용 중 맞는 것을 고르시오.

- 2 cup of coffee 　(　　)

- 2 cups of coffee 　　　(　　)

3. 빈칸에 알맞은 단어를 쓰시오.

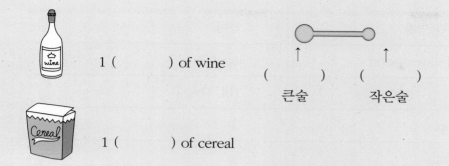

1 (   ) of wine

(   )   (   )

큰술   작은술

1 (   ) of cereal

4. 다음에 들어갈 맞는 단어를 아래에서 찾아 쓰시오.

pack, bag, carton, loaf, bottle

- a _____ of soda
- a _____ of bread
- a _____ of milk
- a _____ of flour
- a _____ of cereal

5. 다음의 빈칸을 채우시오.

일반 명칭	약어
예시: teaspoon	tsp, t
①	Tbl, Tbs, T
cup	②
pint	③
④	qt
gallon	⑤
fluid ounce	⑥
⑦	oz
pound	⑧
each	⑨
⑩	bn
⑪	L

6. 다음의 빈칸을 채우시오.

단위	부피로 환산 시	단위	무게로 환산 시
1 tablespoon	( ) t	1 oz	( ) grams
1 cup	( ) T	1 liter	( ) fl oz
1 cup	( ) t	1 kg	( ) pounds
1 cup	( ) fl oz	1 liter	( ) ml
1 pint	( ) cups	1 kg	( ) grams
1 quart	( ) pints	2 t of water	( ) ml
1 gallon	( ) quarts	6 oz of sugar	( ) grams
1 gallon	( ) cups	1 lb of butter	( ) grams
1 pound	( ) fl oz	1 T of salt	( ) grams

취업 또는 유학 로드맵 그리기

아래의 샘플 예시를 활용하여 본인의 로드맵을 그려봅시다.

예시	현재 나의 위치	해야 할 일
체력		
외국어	읽기: ☆☆☆☆☆ 쓰기: ☆☆☆☆☆ 듣기: ☆☆☆☆☆ 말하기: ☆☆☆☆☆	
조리자격증	유 무	
실무경험	유 무	
조리 관련 서적 읽기		

추천도서

도서제목	저자
세팅 더 테이블	대니 메이어
예스, 셰프	마르쿠스 사무엘손, 베로니카 체임버스
셰프의 탄생	마이클 룰먼
고든 램지의 불놀이	고든 램지
긍정의 손끝으로 세상을 요리하라	박효남
요리사가 말하는 요리사	김광오
셰프가 꿈이라고?	박무현
요리사, 요리책을 말하다	배재환
라스베이거스 요리사 아키라 백	최상태

해외 요리학교

[미국]

CIA(Culinary Institute of America) – www.ciachef.edu

개강: 연 3회(1월, 4월, 9월)

입학조건: 고등학교 졸업예정자, 토플 iBT/IELTS 6.0 이상 또는 조건부

교육과정: 준학사(요리, 제과제빵), 학사(응용식품학, 요리과학, 외식경영학, 호텔경영학)

존스 앤 웨일즈 대학(JWU) – www.jwu.edu

개강: 연 4회(1월, 4월, 9월, 12월)

입학조건: 고등학교 졸업예정자, 토플 iBT/IELTS 6.0 이상 또는 조건부

교육과정: 준학사(요리, 제과제빵), 학사(요리, 제과제빵, 요리식품영양, 음식서비스창업, 음식서비스경영, 제과제빵&식품서비스 경영)

[호주]

르꼬르동블루 요리학교(LCB, 시드니 캠퍼스) – www.cordonbleu.edu

입학시기: 1월, 4월, 7월, 10월

입학조건: 고등학교 졸업자/ IELSTS 5.5

교육과정: 요리 디플로마 과정(2년 3개월), 제과제빵 디플로마 과정(2년 3개월)

[영국]

르꼬르동블루 요리학교(LCB, 런던 캠퍼스)

입학시기: 6월, 9월

입학조건: 고등학교 졸업자/ IELSTS 5.0 또는 인터뷰 및 자체테스트

교육과정: 요리 또는 제과 디플로마, 와인/미식/경영 디플로마, 외식경영 디플로마 등

3장

▼ ▼
▼ ▼ ▼

재료이름 I
(과일, 채소, 허브류)

COOKING ENGLISH

3
재료이름 I (과일, 채소, 허브류)

소개
이번 장에서는 가장 많은 부분을 차지하는 식재료와 관련된 명사를 학습한다.

학습 목표
재료명에 자주 등장하는 과일, 채소류, 허브, 항신료를 중심으로 학습한다.

본문 내용
1. 과일
2. 채소
3. 향신료

영문 레시피는 크게 메뉴명, 재료명, 조리법의 3가지 부분으로 구성되어 있다. 이번 장에서는 재료 명칭에 대해 구체적으로 알아보도록 한다.

1. 과일류(fruits)

1) 과일류의 세부명칭

Skin	껍질
Pith	흰 부분(오렌지, 자몽)
Membranes	흰 부분(귤 등)
Pulp	과육
Seed	씨
Core	속
Pit	씨(복숭아, 올리브 등, pitted olives: 안에 씨를 빼낸 올리브)

Skin(껍질)
Core(속)
Pulp(과육)
Seed(씨)

2) 과일류 관련 용어

Squeezed	쥐어짠(freshly squeezed orange juice: 갓 짠 오렌지주스)
Apple corer	사과 안의 씨를 빼내는 도구
Lemon squeezer	레몬즙을 짜는 도구
Lemon juicer	레몬즙을 짜는 도구

3) 과일의 종류

- **사과(apple)**

사과의 종류에도 여러 가지가 있다. 한국에서는 부사, 풋사과 정도만 있지만 외국에는 굉장히 다양한 사과의 종류가 있고 쓰임새도 각기 다르다.

- 배(pear)

우리가 먹는 배는 물이 많고 동그란 모양을 띠지만 서양 배는 수분이 적고 단단하며 아래가 넓어지는 형태를 가지고 있다.

- 포도(grape)

포도에도 많은 종류가 있지만 식용과 와인을 만들기 위한 것으로 나눌 수 있다. 샴페인 포도는 알이 작고 씨 없는 포도는 seedless, 청포도는 green grape라고 한다.

이 밖에도 다양한 과일이 있다.

Persimmon	감 [퍼르씨-먼]
Quince	모과 [퀸스]
Pomegranate	석류 [파머그래닛]
Chinese date(Deachu)	대추(흔히 jujube로 표기하는 경우가 많으나 이는 학명이다)
Fig	무화과
Passion fruit	패션 후르츠
Star fruit(Carambola)	스타 후르츠
Banana	바내나
Plantain	플랜테인(바나나와 비슷한 모양으로 푸른색을 띤다)
Mango	망고
Papaya	파파야
Avocado	아보카도
Coconut	코코넛

| Kiwi | 키위 |
| Guava | 구아바 |

● 단단한 씨가 들어 있는 과일

Peach	복숭아
Nectarine	천도복숭아
Plum	자두(말린 것은 'prune'이라고 부른다)
Apricot	살구
Cherry	체리

● 베리류(berries)

Strawberry	딸기
Cranberry	크랜베리
Blueberry	블루베리
Raspberry	산딸기
Blackberry	블랙베리(모양은 산딸기와 색은 오디와 비슷하다)

● 감귤류(citrus fruits)

Naval orange	배꼽 오렌지 [네이블 오랜쥐]
Blood orange	블러드 오렌지(과육이 피같이 붉은 색을 띤다하여 붙여진 이름)
Tangerine	감귤
Grapefruit	자몽
Lemon	레몬(meyer lemon: 마이어 레몬은 부드러운 신맛의 레몬)
Lime	라임(key lime: 키라임은 일반 라임보다 더 작은 라임으로, 키라임파이에 많이 사용되는 재료이다)

Kumquat   금귤 [컴쾃]

TIP

우리가 많이 먹는 오렌지는 이 두 가지가 대표적이다.

1. 네이블 오렌지(navel oranges/11~5월): 단맛과 과즙이 풍부하며 표피가 잘 벗겨지고 씨가 거의 없어 꽃이 지는 시기의 작은 것을 '겨울 오렌지'라 불린다.

2. 발렌시아 오렌지(valencia oranges/2~11월): 단맛이 나고 즙이 풍부하며 씨가 적다. 오렌지는 주스를 만들어 마셔도 좋고 그냥 먹기에도 좋다. 중간 크기의 오렌지 서너 개면 한 컵 정도의 주스를 만들 수 있다.

3. 미국에서는 Orange Juice를 줄여서 OJ(오제이)라고 표현한다.

- **멜론류(melon)**

Watermelon	수박 [워러맬론]
Honeydew	껍질이 매끄러운 멜론(속살이 하얗다)
Cantaloupe(Muskmelon)	겉이 그물망처럼 생긴 멜론(속살이 연두나 노란색이다) [캔터롭프]
Oriental melon	참외

2. 채소류(vegetables)

1) 채소

Leaves	잎사귀
Stem	줄기(stalk)
Root	뿌리

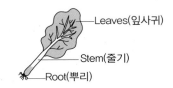

Leaves(잎사귀)
Stem(줄기)
Root(뿌리)

White part	(파 따위) 흰 부분
Outer leaves	(배추 따위) 겉장
Shoot	순(새로 나온, 죽순을 bamboo shoot이라고 한다)
Sprout	싹(콩나물을 bean sprout라고 한다)

2) 배추과(cabbage family)

Broccoli	브로콜리 [브로콜리]
Broccoli rabe	브로콜리 랍
Broccolini	브로콜리 줄기 [브라콜리니]
Brussels sprout	브뤼셀 스프라우트 [부루쎌 스프라우트]
Bok choy	청경채 [박초이]
Napa/Chinese cabbage	배추
Savoy cabbage	오그라기 양배추 [사보이 캐비지]
Cauliflower	컬리플라워 [컬리플라워]
Kohlrabi/Cabbage turnip	콜라비/순무 [콜-라비]
Kale	케일 [케일]
Collard greens	콜라드 그린 [콜라드 그린]
Turnip greens	순무 잎

TIP

Chinese Cabbage = Napa Cabbage = Kimchi Cabbage

우리나라에서 김치를 담글 때 사용하는 배추로 위 세 가지는 동일한 종류의 배추를 의미하며, 외국에서는 중국 배추, 일본의 지명을 딴 '나파 배추'라고 불리고 있다. 그러나, 2012년도 5월에 개최된 44차 국제식품규격위원회(Codex) 농약잔류분과위원회에서 국내산 배추에 대하여 'Kimchi Cabbage'라는 공식명칭을 사용하도록 하였다.

3) 상추과(lettuce family)

- ### 부드러운 잎상추(butterhead)

Bibb lettuce   비브 레터스 [빕 레터스]

Boston lettuce   보스턴 레터스 [보스튼 레터스]

- ### 아삭함이 있는 채소(crisphead and romaine)

Iceberg   아이스버그(우리가 일반적으로 알고 먹는 양상추)

Romaine   로메인(이태리 샐러드에 가장 많이 등장하고 살짝

                      단맛이 도는 상추로 시저샐러드에 사용된다)

- ### 잎채소(leaf)

Red & Green leaf   적상추/상추(햄버거 이름 중에 BLT가 있는데, 여기

                      서 'L'은 바로 Lettuce의 약자이다)

- ### 쓴맛나는 채소(bitter salad green)

Arugula   아루굴라(한국에는 루꼴라로 알려져 있다)

Belgian Endive   벨지안 엔다이브

Frisee   프리제

Escarole   에스카롤

Mâcahe/Lamb's lettuce   마쉬

Radicchio   리디키오(보라색과 흰색이 섞여 있다) [래디끼오]

Watercress(Cresson)   물냉이 [크레송], 미나리

- ### 데쳐먹는 채소(cooking greens)

Beet greens   비트 그린

Dandelion greens   민들레 [댄들리언 그린]

Mustard greens	머스타드 그린(김치 담글 때 사용하는 '갓'과 가장 유사하다)
Spinach	시금치
Swiss chard	근대 [스위스 차r드]
Rhubarb	루바브

- **새순과 줄기과(sprout/shoots and stalks family)**

Bamboo shoot	죽순 [뱀부 슈웃]
Bean sprout	콩나물 [빈 스프라웉]
Mung bean sprout	숙주 [멍빈 스프라웉]
Artichoke	아티쵸크(이태리 요리에 많이 사용되는 재료)
Asparagus(Green & White)	아스파라거스(초록과 흰색)
Fennel	펜넬
Celery	셀러리
Celeriac	셀러리악

TIP

뿌리가 달려 있는 것은 'sprout(싹)'라고 하고 뿌리가 잘려나간 것은 'shoot(순)'이라고 한다.

4) 양파과(onion family)

Onion	양파 [어니언]
Red onion	적양파
Pearl onion/Creamer	작은 양파(1cm 정도)
Shallot	샬롯

Garlic	마늘(통마늘은 whole garlic, 마늘쪽은 garlic clove라고 한다) [갈-릭]
Leek	대파와 비슷한 모양이나 단맛이 남 [리~크]
Scallion(spring onion, green onion)	실파, 쪽파
Ramps/Wild onions	산마늘

Pearl onion   Shallot   Onion
(가장 작은 양파)   (부드러운 맛의 양파   (다목적용 양파)
             드레싱에 많이 사용)

5) 부드러운 열매채소(soft-shell squash, cucumber and eggplant)

- **껍질이 부드러운 호박(soft-shell squash)**

Pattypan	패티 팬
Chayote	차요테
Crookneck	굽은 목 호박 [크룩트넥]
Yellow squash	노란 애호박 [옐로스쿼시]
Zucchini	애호박 [쥬키니]
Squash Blossom	애호박 꽃(스쿼시 블로썸)

- **오이류(cucumbers)**

English cucumber	취청 오이 [큐우컴버]
Kirby cucumber	피클용 오이
Seedless cucumber	씨 없는 오이 [씨들리쓰 큐우컴버]
Gherkin	작은 피클용 오이 [거-얼킨]

- **가지류(eggplant)**

Eggplant 가지(일반적으로 우리가 먹는 것을 말한다) [엑플랜트]

- **토마토(tomato)**

Plum tomato 플럼 토마토(이탈리아 피자에 가장 많이 쓰이는 토마토로, 신맛과 수분이 적고 색이 강렬한 붉은색이 난다) [토매이토]

Cherry tomato 방울 토마토

Tomatillo 토마띠오(멕시코 음식에 사용되는 녹색 빛을 띠는 토마토) [토마띠요]

- **고추(pepper)**

Chili pepper 고추 [칠리]

Chili powder 고춧가루

Paprika 파프리카 [파프리카]

Pepper 피망 [벨 페퍼]

Jalapeno 할라페뇨(스페인어에서 J는 H로 발음되므로 잘라피뇨가 아니고 할라페뇨라고 읽으며 주로 피자 먹을 때 피클 형태로 곁들여 먹는다)

Serrano 세라노(우리나라의 청양고추와 가장 비슷하다)

Anaheim chili 애나하임 칠리

Cayenne pepper 케이엔 페퍼(고춧가루와 비슷하나 맛은 덜 자극적이다)

- **줄기콩류(fresh beans)**

Chinese Long bean 중국 긴 줄기콩

String bean	줄기콩(스트링빈)
Green bean	그린 빈(깍지 콩)
Haricot vert	에리꼬 베르
Snap pea	스냅피
Snow pea	스노우피
Edamame	에다마에(완두콩)

6) 뿌리 채소(root vegetables)

Potato	감자(일반적으로 요리에 사용되는 감자는 chef's potato라고 하고 손가락 모양의 감자는 'fingerling potato[핑걸링 포테이토]'라고 하며, 통감자 구이에 쓰이는 감자는 russet, 프렌치프라이에 쓰이는 Idaho potato이다)
Sweet potato	고구마
Yam	마
Carrot	당근
Beet	비트
Radish	래디시
Parsnip	파스닙
Turnip	터닙 [터~닙]
Jicama	히카마(J는 H로 발음한다)
Daikon(Chinese radish)	무 [다이콘]
Horseradish	호스래디시 [호올스래디시] 서양고추냉이
Burdock(yamagobo)	우엉
Lotus Root	연근 [로터스 루트]

Ginger	생강 [진져]
Galangal	갈랑갈(생강 뿌리 부분으로 '양강근'이라고 한다)
Celeriac	셀러리악(셀러리 뿌리 부분)
Wasabi	고추냉이

7) 버섯류(mushrooms)

Shiitake	표고버섯(일본어 표기이고 [시이타끼]라고 읽는다)
Button(cremini)	양송이버섯
Enoki	팽이버섯 [에노끼]
Oyster	느타리 버섯 [오이스터]
Truffle(White/Black)	송로버섯(화이트가 블랙보다 가격이 비싸다) [트뤼플]
Morel	모렐버섯
Wood ear	목이버섯
Chanterelle	살구버섯 [샨타렐]
Portobello	큰송이 버섯(색은 표고버섯과 비슷하다) [포토벨로]
Masutake	송이버섯 [마쯔타케]

8) 허브(herbs)

Parsley	파슬리
Basil	바질 [베이즐]
Thyme	타임(시간을 말하는 time과 발음이 같다)
Mint	민트
Rosemary	로즈마리
Dill	딜
Chive	차이브(부추와 비슷한 향이 나고 가늘고 원통형이다) [차이브]

Chervil	쳐빌
Cilantro	실란트로
Oregano	오레가노
Tarragon	타라곤 [태라곤]
Lemongrass	레몬 그라스(동남아 요리에 향신료로 많이 쓰인다)
Italian parsley	이태리파슬리 [이탈리안 파슬리]
Marjoram	마조람
Sage	세이지
Bay leaf	월계수 잎 [베이맆]

 깻잎을 영어로 표기해 보시오.

깨 sesame + 잎 leaf → sesame leaf(단수), sesame leaves(복수)

9) 채소, 허브 등에 주로 쓰이는 표현

Crushed[d로 발음]	눌러서 으깬(마늘, 참깨 등)	[크러쉬드]
Minced[d로 발음]	다진	[민스드]
Chopped[t로 발음]	다진	[챱트]
Sliced[d로 발음]	슬라이스 한	[슬라이스드]
Diced[d로 발음]	주사위 모양으로 썬	[다이스드]
Finely Diced[d로 발음]	곱게 다진	[화인리 다이스드]
Julienned[d로 발음]	(부피가 있는 재료를) 가늘고 길게 썬	[쥴리엔드]
Fermented[id로 발음]	발효시킨, 숙성시킨(김치 따위)	[훠얼멘터드]
Pickled[d로 발음]	(소금에) 절인	[피클드]

Chiffona**de**[d로 발음] (얇은 재료를) 실처럼 가늘게 썬 [쉬포나아드]

3. 향신료(spices)

Peppercorn	통후추 [페퍼코온]
White Pepper	흰 후추
Black pepper	검은 후추
Pink pepper	핑크후추
Ginger	생강 [진져]
Clove	정향 [클로브]
Cinnamon	계피 [씨나몬]
Nutmeg	넛맥(육두구)
Fennel seed	팬넬씨드
Star anise	팔각 [스타r애니스]
Mustard seed	머스타드 씨드 [머스탈씨드]
Saffron	샤프론 [싸프론]
Dill seed	딜씨드
Celery seed	셀러리 씨드
Cumin	큐민
Turmeric	튜메릭(강황) [튜머릭]
Juniper berry	쥬니퍼 베리
Curry	커리
Cardamon	카다몸
Caraway	카라웨이 씨드
Allspice	올 스파이스

Poppy Seed   양귀비씨 [파피 씨드]

향신료와 관련된 동사는 다음과 같다.

Toast**ed**[id로 발음]   (잣 등을) 살짝 구운 [토스티드]

    Toasted pine nuts   구운 잣

Grou**nd**   갈은(freshly ground pepper) [그라운드]

    Grou**nd** pepper   갈은 후추 [그라운드 페퍼]

Crack**ed**[t로 발음]   (외부 충격에 의해) 깨진 [크랙트]

    Crack**ed** walnut   으깬 호두

Crush**ed**[d로 발음]   대충 으깬(주로 눌러 비벼) [크러쉬드]

    Crush**ed** red pepper   으깬 고추

1. 다음 그림을 보고 명칭을 쓰시오.

①

(   )

(   )   (   )

②

(   )

(   )

(   )

2. 다음 단어의 끝 [ed]의 발음이 't'와 'd' 중 어느 것으로 끝나는지 체크하시오.

- Crushed   ① t   ② d
- Diced   ① t   ② d
- Julienned   ① t   ② d
- Cracked   ① t   ② d

3. 다음 단어의 뜻을 한글로 적으시오.

Fruits

No.	단어	뜻	No.	단어	뜻
1	apple		16	kumquat	
2	apricot		17	lemon	
3	avocado		18	lime	
4	banana		19	lychee	
5	blackberry		20	mango	
6	black currant		21	nectarine	
7	blood orange		22	orange	
8	blueberry		23	papaya	
9	cherry		24	passion fruit	
10	cranberry		25	peach	
11	date		26	pear	
12	fig		27	persimmon	
13	granny smith		28	plum	
14	grape		29	raspberry	
15	pomegranate		30	quince	

Vegetables

No.	단어	뜻	No.	단어	뜻
1	artichoke		16	fennel	
2	arugula		17	garlic	
3	asparagus		18	garlic chive	
4	bamboo shoots		19	ginger	
5	bean sprouts		20	green bean	
6	beet		21	green onion	
7	bok choy		22	jalapeno	
8	burdock		23	leek	
9	cabbage		24	lettuce	
10	carrot		25	sesame leaves	
11	cauliflower		26	shallot	
12	celery		27	zucchini	
13	chili		28	potato	
14	cucumber		29	radish	
15	daikon		30	scallion	

No.	단어	뜻	No.	단어	뜻
1	basil		16	black pepper	
2	bay leaf		17	cardamon	
3	chervil		18	cinnamon	
4	cilantro		19	clove	
5	dill		20	cumin	
6	Italian parsley		21	fennel seed	
7	lemongrass		22	mustard seed	
8	mint		23	nutmeg	
9	parsley		24	tumeric	
10	oregano		25	saffron	
11	sage		26	vanilla bean	
12	tarragon		27	star anise	
13	thyme		28	white pepper	
14	rosemary		29	poppy seed	
15	allspice		30	peppercorn	

COOKING
ENGLISH

4장

▼ ▼ ▼

재료이름 II
(유제품, 육류, 해산물)

COOKING ENGLISH

4
재료이름 II (유제품, 육류, 해산물)

소개

이번 장에서는 가장 많은 부분을 차지하는 식재료와 관련된 명사를 학습한다.

학습 목표

재료명에 자주 등장하는 유제품, 육류, 생선류를 중심으로 학습한다.

본문 내용

1. 유제품
2. 육류
3. 생선류

영문 레시피는 크게 메뉴명, 재료명, 조리법의 3가지 부분으로 구성되어 있다. 이번 장에서는 레시피에 등장하는 식재료 이름에 대해 구체적으로 알아보도록 한다.

1. 유제품(dairy product)

1) 달걀

Whole egg	통 달걀
Egg yolk	달걀 노른자(달걀 흰자가 Egg white라 노른자를 Egg yellow로 기억하는 사람들이 있는데 정확한 명칭은 Egg yolk[에그요오크]이다)
Egg white	달걀 흰자
Egg shell	달걀 껍질
A white egg	(껍질이) 흰 달걀
A brown egg	(껍질이) 노란 달걀
Raw egg	날달걀
Air pocket	달걀 속에 있는 공기주머니

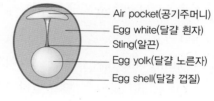

Air pocket(공기주머니)
Egg white(달걀 흰자)
Sting(알끈)
Egg yolk(달걀 노른자)
Egg shell(달걀 껍질)

● 달걀 관련 용어

Crack the egg	달걀을 깨다 [크랙디에그]
Beat the egg	(젓가락이나 포크 따위로) 달걀을 풀다 [빗디에그]
Egg wash	달걀물 [에그와쉬]

달걀 요리법에는 여러 가지가 있는데, 브런치를 먹으러 카페에 가면 이런 메뉴를 쉽게 만날 수 있다.

Egg benedict

Poached Egg	포치드 에그(수란과 비슷하다)
Boiled Egg	삶은 달걀
Hard-boiled egg	완숙
Soft-boiled egg	반숙
Scrambled egg	스크램블 에그
Fried egg	달걀 프라이
Sunny side up	달걀 프라이
Over and easy	달걀 프라이를 뒤집어 노른자를 살짝 익힌 것

2) 우유(milk)

Pasteurized milk	살균한 우유 [패스춰라이즈드]
Unpasteurized milk	살균하지 않은 우유
Raw milk	생우유(살균하지 않은 목장 우유)
Whole milk	지방분을 빼지 않은 전유(全乳), 3.5% 유지방
2% reduced fat milk	지방을 2% 줄인 우유
Nonfat or Skim milk	탈지우유, 0.5% 미만의 유지방

Buttermilk	버터밀크(원래는 버터를 교반하고 남은 국물로 만들었는데 요즘에는 non fat/low fat milk에 특수한 박테리아를 넣어서 만든다)
Powered milk	분유
Condensed milk	무가당 농축우유[whole milk + sugar(40~45%)]
Sweet condensed milk	가당 농축우유

● 크림류(cream)

Half and half	하프 앤 하프(우유와 생크림이 반반씩 혼합된 것으로 유지방이 12%이며 휘핑은 안 된다)
Light whipping cream	휘핑크림(가장 흔한 휘핑크림으로, 30~36%의 유지방이 있다)
Heavy cream	헤비크림(36~40%의 유지방이 있으며 일반적으로 한국에서 생크림이라고 부른다. 일반 우유보다 지방이 많아 무겁기 때문에 헤비크림이라고 부른다)
Sour cream	사워크림(18~20%의 유지방이 있으며 유산배양균 처리가 되어 있고, 살짝 시큼한 맛이 난다)
Creme fraiche	부드러운 신맛의 크림 [크림 후레시]

● 요거트류(yogurt)

Yogurt	요거트(몸에 좋은 균에 의해 발효되고 응고된 우유)
Plain yogurt	다른 추가 향이 들어가지 않은 요거트
Flavored yogurt	설탕, 인공향 또는 과일이 들어간 요거트
Frozen yogurt	요거트를 냉동시킨 것 [후로우즌]

- **버터(butter)**

버터는 크게 무염과 가염버터로 나뉘고 요리에서는 무염을 주로 사용하며 식전 빵과 같이 낼 때는 가염버터를 사용한다.

Salted butter	가염버터 [썰티드 버러r]
Unsalted butter	무염버터 [언썰티드 버러r]
Margarine	마가린 [마알저린]
Clarified butter	(버터) 정제한 [클러리화이드]
Melted butter	녹인 버터 [멜띠뜨 버러r]

- **치즈(cheese)**

Aged	숙성된 [에이지드]
Uncurdled	응고시키지 않은(두부, 치즈 등) [언커r를드]
Shredded	짧은 길이로 갈은, 너덜너덜하게 한(주로 피자에 올린다) [슈레디드]
Grated	강판에 갈은 [그레이티드]
Shaved	면도하듯이 얇게 밀은 [쉐이브드]

- **많이 사용하는 치즈 종류**

Blue cheese(=Gorgonzola)	블루치즈 [골곤조얼라]
Brie cheese	브리치즈
Camembert	까망베르 치즈 [캐맴베-르]
Cream cheese	크림치즈
Cheddar cheese	체다치즈 [체더 치이-즈]
Ricotta cheese	리코타 치즈 [리커타 치이-즈]
Gruyere	그뤼에어 치즈 [그뤼에르(그뤼예어 또는 그뤼예-)]

Gouda	고다치즈 [구다]
Edam	에담치즈 [이이담]
Manchego cheese	맨체고 치즈
Mascarpone cheese	마스카르포네 치즈(티라미수용 치즈) [매스카포니 치이-즈]
Mozzarella cheese	(물소 젖으로 만든) 모짜렐라 치즈
Parmigiano reggiano cheese	파마산 치즈 [파르미지아노 레지아노 치이-즈]

3) 기름(oil and fats)

Extra virgin olive oil	엑스트라 버진 올리브오일 [올리브 오일]
Virgin olive oil	버진 올리브오일
Olive oil(Pure)	올리브 오일
Vegetable oil	식용유
Canola oil	카놀라오일(서양 유채유)
Grapeseed oil	포도씨유
Sunflower seed oil	해바라기씨유
Sesame oil	참기름
Wild sesame oil	들기름
Peanut oil	땅콩기름
Walnut oil	호두 오일
Fish oil	생선기름
Lard	돼지기름 [라아드]
Shortening	숏트닝

2. 육류(meat)

1) 육류의 세부명칭

Sinew	흰 색 힘줄 [씨뉴~]
Fat	지방, 기름기 [횟]
Membrane	육류 안에 있는 막 [멤브레인]
Bone	뼈 [보운]
Skin	껍질, 피부 [스킨]
Lung	허파 [러엉~]
Tongue	혓바닥 [터엉~]
Kidney	콩팥 [키드니]
Heart	염통 [허얼트]

2) 육류 손질에 주로 쓰이는 표현

Boneless	뼈를 발라낸 [보운레스]
Bone-in	안에 뼈가 있는 [보운 인]
Skinless	껍질을 벗긴 [스킨레스]
Skin-on	껍질이 붙은 [스킨언]
Boneless, skinless	뼈를 발라내고 껍질도 없는 [보운레스 스킨레스]
Bone-in, skinless	뼈가 들어있지만 껍질은 제거한 [보우닌 스킨레스]
Boneless, skin-on	뼈가 없고 껍질이 붙어 있는
Bone-in, skin-on	뼈가 있고 껍질이 있는
Quartered	1/4로 자른 [쿼어털드]
Smoked	훈제한 [스모크트]
Marinated	양념에 절인 [마리네이티드]

Brined	소금에 절인 [브라인드]
Rolled	둥글게 말은 [로울드]
Tied	(닭 따위를) 실로 묶은 [타이드]
Trussed	(닭 따위를) 삼계탕을 할 때 속 넣고 실로 묶은 [트뤄어스트]

3) 흰 살코기(white meat)

- 가금류(poultry) [포울트리]

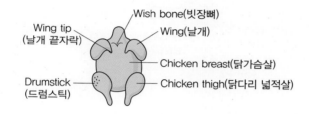

Chicken breast 닭 가슴살 [치킨 브레스트]	
Drumstick	드럼스틱
Wing	날개 [윙]
Wing tip	날개 끝자락 [윙팁]
Wish bone	빗장뼈 [위시 보운]
Neck	목 [넥]
Thigh	다리살(허벅지) [따이]
Pheasant	꿩 [페즌트]
Quail	메추리 [퀘에일]
Pigeon	비둘기 [피전]
Duck	오리 [덕키]
Goose	거위 [구우스]

Turkey	칠면조 [터어얼키]
Free range chicken	방목해 키운 닭

4) 붉은 살코기(red meat)

- ### 돼지고기(pork) [포올ㅋ]

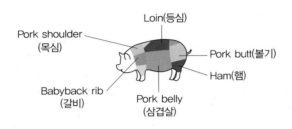

Pork shoulder	목심
Pork butt	볼기살 [포올-크 벗]
Loin	등심
Ham	가공한 뒷 넓적다리 부위
Bacon	소금 훈제한 옆구리 살
Pork belly	뱃살(삼겹살 부위) [포올-크 벨리]
Spareribs	갈비 [스빼어립시]
Babyback rib	갈비

- ### 양고기(lamb) [래앰]

Rack	양갈비 [랙]
Loin	등심
Leg	다리
Shank	정강이 [셴크]

Breast   가슴살

● **쇠고기(beef, veal)**

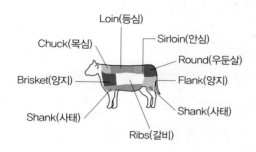

Chuck   목심(어깨살) [첰]

Loin   등심

Sirloin   안심 [써얼로인]

Round   우둔살

Rib   갈비

Brisket   양짓살

Flank   양짓살

Shank   사태

Striploin   채끝

Grain-fed   사육방식에 따라 곡물을 먹여 키운 [그레인 휄]

Grass-fed   풀을 먹여 키운 [그래쓰 휄]

Grass-fed beef   풀을 먹여 키운 소

Breast-fed   엄마 젖으로 키운

Milk-fed   우유로 키운

free range   프리레인쥐(방목으로 키운)

- 야생 동물(Wild animal / Game animal)

Rabbit(Hare) 토끼(산토끼)

Venison 야생 사슴 [베니슨]

Bison 아메리칸 들소 [바이슨]

- 소시지(sausages)

Chorizo 초리죠 소시지(염장, 훈제, 발효시킨 소시지)

Salami 살라미(염장, 건조한 소시지) [쌀라미]

Pepperoni 페퍼로니(염장, 훈제한 뒤 건조시킨 소시지)

Panchetta 판체타(훈제하지 않은 베이컨)

Mortadella 모르타델라(이탈리아의 대표적인 돼지고기로 만든 소시지)

Blood sausage 피소시지(우리나라 순대 같은)

3. 생선(fish)

1) 생선 모양

생선은 모양에 따라 둥근 것과 납작한 것으로 나눌 수 있다.

round fish
몸통이 둥근 생선
대구, 농어, 잉어

flat fish
몸통이 납작한 생선
가자미

2) 생선의 색

또한 생선살의 색깔에 따라서도 구분이 가능하다(color of flesh).

3) 생육환경

이 밖에도 생육환경(자라는 환경)에 따라 민물과 바다 생선으로도 나눌 수 있다.

4) 생선의 구조

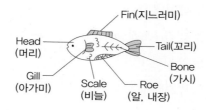

5) 생선의 세부 명칭

Head   머리 [헤드]

Tail   꼬리

Bone	(생선) 가시 [보운]
Fin	(위, 아래) 지느러미
Gill	아가미 [길]
Gut	내장 [것]
Roe	알 또는 내장 (Salmon roe 연어알) [로우]
Scale	비늘 [스께일]

6) 생선 손질에 주로 쓰이는 표현

Fillet	(길이로 뜬) 낱장 [휠레]
Steak	(세로로 낸) 토막
Dressed fish	머리, 꼬리 잘라내고 내장을 제거한 것
Unshelled	(조개류) 껍질을 안 벗긴
Debeard	(홍합 등) 수염을 제거한 [드비어r드]
Deveined	(새우) 내장을 제거한 [디베인드]
Deboned	뼈를 발라낸 [디보운드]
Head-off	머리를 떼어낸 [헤도프]
Tail-off	꼬리를 떼어낸 [테일더프]
Scaled	비늘을 벗긴 [스께일드]
Gutted	내장을 제거한 [것티드]
Skinned	껍질을 벗겨낸 [스키인드]

7) 생선의 종류

● **넙치류(flat fish)**

Halibut	할리벗(큰 넙치)
Dover sole	도버 쏠(가자미류)

Skate	가오리/홍어
Turbot	광어 [터얼봇ㅌ]
Monkfish	아귀 [멍크휘시]

● **흰 살 생선(white flesh round fish)**

Cod	대구 [카아드]
Haddock	대구과의 생선 [해덕]
Seabass	농어 [씨배스]
Grouper	그루퍼(농어과의 다금바리 같은 생선)
Snapper	참돔(도미 종류) [스내퍼]
Seabream	감성돔(도미 종류)
Mackerel	고등어 [매커렐]
Herring	청어 [헤r링]
Sardine	멸치과의 생선 [싸알딘]
Eel	장어 [이~일]
Puffer fish	복어

● **붉은 살 생선(red flesh round fish)**

Salmon	연어 [쎄~먼]
Trout	송어 [트라우드]
Sturgeon	철갑상어 [스떠얼전]
Caviar	철갑상어알 [캐비어r]
Whale	고래 [웨일]
Shark	상어 [샤알크]
Tuna	다랑어, 참치 [튜나]
Mahi mahi	마히마히(열대 생선)

Swordfish	황새치 [쏘워드피쉬]

● 갑각류(crustaceans, shell fish)

Lobster	랍스터
Crab	게 [크랩]
Soft shell crab	소프트쉘크랩 [쏘프트쉘크랩]
Crayfish	크래이피쉬(랍스터와 비슷한 생김새)
Scampi	닭새우 [스캠피]
Prawn	새우 종류 [프란]
Shrimp	새우 [슈림프]

● 조개류(clams)

Oyster	굴 [오이스터]
Mussel	홍합 [머쓸]
Clam	대합조개 [클램]
Scallop	관자 [스캘럽]
Abalone	전복 [애빌로니]
Snail	달팽이 [스네일]
Conch	고둥 [카안취]

● 연체동물

Octopus	문어 [악토퍼스]
Squid	오징어 [스뀌-드]
Cuttlefish	갑오징어(주로 오징어채를 할 때 사용하는 오징어) [커틀휘시]

- **중식에서 많이 쓰는 생선**

Sea cucumber 　　　　해삼 [씨이 큐컴버]

Shark's fin 　　　　상어지느러미 [샥스핀]

Sea swallow's nest 　　　　바다 제비집 [씨 스왈로우스 넷]

Sea squirt 　　　　멍게 [씨 스퀴얼트]

Sea urchin 　　　　성게 [씨 어얼친]

실전연습

다음 그림을 보고 각각에 해당하는 적절한 영어 명칭을 적으시오.

1. 쇠고기

2. 돼지고기

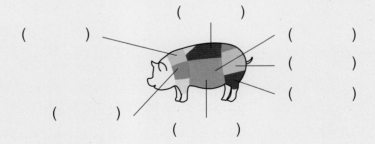

3. 닭고기

(   )   (   )

(   )

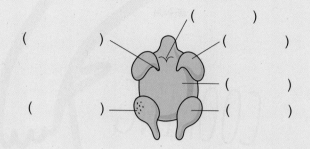

(   )

(   )

(   )

4. 생선

(   )

(   )   (   )

(   )

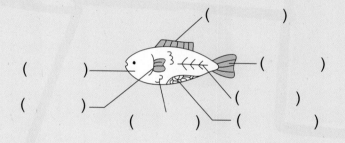

(   )

(   )   (   )

5. 달걀

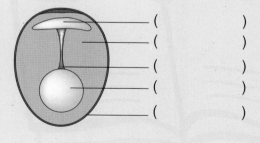

(   )

(   )

(   )

(   )

(   )

COOKING
ENGLISH

5장

▼ ▼
▼ ▼

재료이름 III
(물, 소금 및 기타 식재료)

COOKING ENGLISH

5
재료이름 III (물, 소금 및 기타 식재료)

소개

이번 장에서는 가장 많은 부분을 차지하는 식재료와 관련된 명사를 학습한다.

학습 목표

재료명에 자주 등장하는 물, 소금, 설탕, 곡물, 견과류, 양념(condiments), 베이킹 재료 등을 중심으로 학습한다.

본문 내용

1. 물, 소금, 설탕
2. 곡물류
3. 견과류
4. 소스 및 드레싱
5. 베이킹 재료
6. 음료

영문 레시피는 크게 메뉴명, 재료명, 조리법의 3가지 부분으로 구성되어 있다. 이번 장에서는 재료명에 대해 구체적으로 알아보도록 한다.

1. 물(water)

물은 요리를 하는 데 가장 기본이 되는 재료이다. 다양한 물이 있지만, 요리할 때 가장 많이 쓰는 물은 수돗물이다.

Tap water	수돗물
Sparkling water	탄산수
Bottled water	병에 담긴 물
Mineral water	미네랄 워터

2. 소금류(salt)

소금은 요리에 없어서는 안 되는 재료이다. 간장의 종류가 음식에 다른 맛을 주듯이 소금의 종류도 음식에 다른 맛을 내는 데 사용될 수 있다.

Sea salt	바다소금, 천일염
Kosher salt	코셔 소금(유대인들이 종교적인 이유로 먹는 소금으로, 불순물이 없어 깨끗한 맛을 내는 특징이 있으며 우리가 쓰는 꽃소금과 비슷하다)
Rock salt	바위 소금(암염)
Pink salt	핑크 소금(색깔이 분홍빛이 나는 소금으로 주로 히말라야

에서 나온 것이 유명하다)

Bamboo salt   죽염

Fler de sel, gerrand sal, Bigumdo salt(비금도 소금) ⇒ 브랜드 소금명

" **TIP**

1. Kosher salt(코셔 소금): 코셔는 전통적인 유대인의 의식 식사법에 따라 제조되어진 소금을 말한다. 또 이 소금은 녹이 슨 프라이팬을 닦을 때도 사용한다.

    Kosher(코셔)의 정의: 전통적인 유태인의 의식 · 식사법에 따라 식물을 선택 · 조제하는 것이다. 히브리어로 코셔는 '정의'를 의미하며 적법한 식품이란 것을 뜻한다.

2. Prague powder #1(pink salt): 테이블 소금(table salt) 93.75%와 아질산나트륨(sodium nitrite) 6.25%를 함유하고 있다. 이 소금은 보존제와 육류나 소시지를 절일 때 사용되는 핑크빛 소금이다.

3. 설탕류(sweeteners)

베이킹에서 빠질 수 없는 가장 중요한 역할을 하는 것이 설탕이다. 설탕의 종류도 여러 가지가 있다. 우리가 일반적으로 아는 흰 설탕은 'White sugar'라고 하는데, 좀 더 전문적으로 이야기하면 'Granulated sugar'라고 한다. 케이크 위에 장식하는 설탕은 'Powdered sugar'인데 전분을 섞어 만든다. 쿠키 장식에 많이 사용되며 한국에서는 슈가파우더로 더 잘 알려져 있다.

White sugar(granulated sugar)	흰 설탕
Powdered sugar(confectioner's sugar)	가루설탕(슈가파우더)
Dark brown sugar	흑설탕
Light brown sugar	갈색설탕

Sugar cube	각설탕
Rock sugar	덩어리 설탕(돌 모양으로 굳은 형태) [롹슈거r]
Raw sugar	정제하지 않은 설탕, 수수설탕(황색을 띤다)
Artificial sweetener	인공감미료 [아르휘셜 스위트너]
Sugar cane	사탕수수
Sugar beet	사탕무
Maple sugar	메이플 설탕
Corn syrup	물엿 [코온 씨럽]

4. 곡물류(grains)

1) 곡물의 세부명칭

Bran	껍질, 껍데기
Endosperm	속살 부분(내배유)
Germ	씨눈

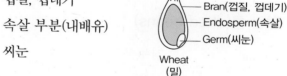

2) 곡물의 종류

Rice	쌀
Sticky rice	찹쌀 [스띠끼 롸이스]
Long grain rice	안남(락)미(동남아에서 먹는 쌀)
Short grain rice	우리가 먹는 쌀
Arborio rice	리조또에 들어가는 쌀 [아르보리오]
Corn(maize)	옥수수
Wild rice	야생 쌀 [와일드 라이스]

Wheat	밀
Whole wheat	통밀
Semolina flour	(파스타에 들어가는) 세몰리나 밀가루
Buckwheat	메밀 [버어ㅋ휘이트]
Sorghum	수수 [쏘얼검]
Millet	기장
Oats	귀리 [오츠]
Rye	호밀 [롸이]
Barley	보리 [바알리]
Quinoa	끼노아
Basmati rice	바스마티 라이스(인도에서 많이 먹는 쌀의 이름)
Jasmine rice	재스민 라이스(안락미와 비슷하며 특유의 향이 있고 태국에서 시작되었다)

3) 말린 콩(dried beans)

Fava bean	잠두콩
Mung bean	녹두
Chickpea	병아리콩(지중해 음식에 많이 사용되는 콩)
Kidney bean	강낭콩
Lentil	렌틸콩
Lima bean	리마빈
Soy bean	대두(된장 담그는 콩)
Green soybean	초록 대두

4) 밀가루(flour)

Bread flour	강력분
All-purpose flour	중력분(다목적 밀가루 = AP flour)
Cake flour	박력분
Whole wheat flour	통밀가루
Rye flour	호밀가루
Semolina flour	세몰리나(듀럼 밀가루, 입자가 굵은 것)
Durum flour	듀럼 밀가루(파스타 원료로 쓰이는 밀)

5) 파스타(pasta) 및 곡물 가공품

Spaghetti	스파게티 [스빠게리]
Farfalle(Bowtie)	파르팔레에(나비넥타이 모양)
Fusili	푸실리 [퓨-실리]
Penne	펜네 [펜네이]
Tagliatelle	따글리아뗄레
Angel hair(Capellini)	엔젤헤어(카펠리니)
Orzo	쌀처럼 생긴 파스타(원래 '보리'라는 뜻이다) [오올조]
Lasagna	라쟈냐 [라쟈-냐]
Ravioli	라비올리
Gnocchi	뇨끼
Couscous	쿠스쿠스

6) 파이 또는 피자의 세부명칭

Dough	반죽 [도우]	Tart shell	타르트 껍질
Crust	가장자리 껍질(피자 등)	Pie crust	파이지
Topping	위에 얹는 것 [토핑]	Filling	충전물

7) 기타 농산물

In-shell	껍질이 붙어 있는(in-shell pistachio)
Soaked	물에 불린(콩 따위) [쏘옥트]
Rehydrated	다시 물에 불린(말린 버섯 따위) [리하이 드레이디드]
Rehydrated siitake	불린 표고버섯

5. 소스(sauce)

1) 서양 조리의 기본 소스(mother sauces)

서양에서는 Béchamel[베샤멜], Veloute[벨루떼], Brown sauce, Tomato sauce, Hollandaise[홀랜다이즈] sauce와 같은 구성으로 소스를 크게 구분해 왔다. 소스의 평가기준으로는 농도, 맛, 윤기가 있다.

2) 농도를 내는 재료에 따른 구분

- 루 베이스(roux-based)

① 첨가되는 루의 색에 따라(according to the color of the roux)

Bechamel = Roux + Milk

Veloute = Roux + Stock

Demi-glace sauce[데미글라스 소스] = Brown stock + Espagnol[에스파뇰] sauce

② 전분 베이스(starch-based)

Pan gravy[팬 그레이비] ⇒ Pan drippings + Flour + Stock

Jus lie[쥐 리에] ⇒ Pan drippings + Stock + Slurry

- 유화의 원리를 이용한 소스(emulsion Sauce)

① 정제버터 소스(clarified butter sauce)

Hollandaise sauce = Egg yolk + Reduction + Clarified butter

(Reduction: onion, thyme, parsley stem, peppercorn, vinegar, white wine을 졸여서 만든 것이다)

② 버터를 이용한 소스(butter sauce)

Beurre Blanc[버얼 블랑]: White Butter(A classic emulsified sauce made with a reduction of white wine and shallots, thickened with whole butter and possibly finished with fresh herbs or other seasonings)

Beurre Fondu[버얼 퐁듀]: Melted Butter

Beurre Noisette[버얼 노이제]: Brown Butter(갈색이 나도록 한 버터)

Beurre Noir[버얼 누아]: Dark Butter(A sauce made with browned butter, vinegar, chopped parsley, and capers, usually served with fish)

③ 퓨레 베이스 소스(puree-based sauce)

Tomato sauce: Italian Tomato, Basil, Oregano

Coulis[쿨리]: A thick puree of vegetables and fruits

Pesto sauce[페스토 소스]: 이탈리아 파스타를 만들 때 주로 사용하고 바질, 잣, 치즈, 올리브오일을 넣어 만든다.

Chutney[처트니]: 인도지역에서 음식에 곁들이는 소스로 향신료, 채소, 과일 등을 섞어 만든다.

6. 기타 가공품

1) 토마토를 응용한 공산품

Tomato ketchup 토마토 케첩

Tomato puree   토마토 퓨레

Tomato paste   토마토페이스트

Tomato whole   토마토 홀(통으로 된 토마토)

Tomato chunk   토마토 청크(토마토소스에 덩어리가 들어 있음)

2) 기타 소스재료(ready made sauce)

Ancienne mustard 씨겨자 [앙씨엔]

Dijon mustard	디종 머스타드
Mirin	미린(단맛나는 요리술)
Rice wine	청주
Soy sauce	간장
Chili paste	고추장
Soybean paste	된장 [쏘이빈 페이스트]
Fish sauce	(동남아) 액젓 소스
Oyster sauce	굴소스 [오이스터 쏘-스]
Worcestershire sauce	우스터소스 [워열스털셔얼 소스]
Mayonnaise	마요네즈 [매요네이즈]
Hot sauce	핫 소스
Tabasco	타바스코
A1 sauce	에이원 소스
Anchovy sauce	멸치액젓

3) 식초류(vinegar)

White wine vinegar	화이트와인 식초 [비네거얼]
Red wine vinegar	레드와인 식초
Balsamic vinegar	발사믹 식초 [발싸-믹 비네거]
Rice wine vinegar	현미 식초
Apple vinegar	사과 식초

4) 오일류(oil)

Corn oil	옥수수기름
Soybean oil	콩기름

Hazelnut oil	헤이즐넛 오일
Avocado oil	아보카도 오일
Pumpkinseed oil	호박씨기름
Flaxseed oil	아마씨 오일
Safflower oil	홍아씨유
Sesame oil	참기름
Wild sesame oil	들기름

5) 드레싱(dressing)

주로 채소에 곁들여지는 것으로 기름의 비율이 상대적으로 소스에 비해 높다. 서양 비네그렛(vinaigrette)을 만들 때 기름과 식초의 비율은 3:1이다.

Italian dressing	이탈리안 드레싱
French dressing	프렌치 드레싱
Asian dressing	아시안 드레싱
Ranch dressing	랜치 드레싱
Balsamic dressing	발사믹 드레싱
Vinaigrette	비네그렛

6) 수프(soup)

Cream soup	크림 수프(크림 베이스로 가장 유명한 것은 브로콜리 수프와 머시룸 수프)
Potage	걸쭉하게 만든 수프 [포타지]
Clear soup	맑은 국을 베이스로 한 수프
Minestrone	야채 수프(이태리에서 소울 푸드로 알려져 아플 때

많이 먹는 수프) [미네스트로네]

Puree soup   야채 수프 [퓨레스프]

Consomme   맑은 수프 [콩소메]

7) 피클류(pickled products)

Caper   케이퍼(훈제연어를 먹을 때 곁들여 먹는 시큼한 맛의 알갱이)

Cornichon(Gherkin in English)   코니숑(오이피클) [코올니쇼옹]

TIP

게르킨(gherkin)은 오이 품종 중의 하나로 유럽에서 주로 피클로 만들어 먹는 오이이다.

6. 베이킹 재료

Baking soda   베이킹 소다

Baking powder   베이킹 파우더

Fresh yeast   생이스트

Instant dry yeast   인스턴트 이스트

Gelatin(=gelatine)   젤라틴

Simple syrup   심플시럽

Corn syrup   물엿

Corn starch   옥수수전분

Potato starch   감자전분

Almond flour   아몬드 가루

Cocoa powder	코코아 가루
Coconut flakes	코코넛 가루
Shortening	쇼트닝
Vanilla bean	바닐라빈
Vanilla extract(essence)	바닐라 농축액(에센스)
Dried blueberry	건조 블루베리
Dried cranberry	건조 크랜베리
Raisin	건포도
Nutella	누텔라(발라서 먹도록 부드럽게 만든 초콜릿-헤이즐넛 스프레드)
Orange peel	오렌지 필
Apricot jam	살구잼
Marzipan	마지팬(아몬드가루, 슈가파우더, 럼오일을 넣고 섞은 것)
Food coloring	식용색소
Cherry filling	체리필링
Blueberry filling	블루베리 필링
Chocolate chip	초콜릿칩
Dark chocolate	다크 초콜릿
Milk chocolate	밀크 초콜릿
White chocolate	화이트 초콜릿

7. 견과류(nuts)

Almond	아몬드
Whole almond	통아몬드
Sliced almond	슬라이스 아몬드
Cashew nuts	캐슈넛(요과라고 하며 중국음식에 많이 사용)
Chestnut	밤
Hazelnut	헤이즐넛
Macadamia	마카다미아
Peanut	땅콩
Pecan	피칸
Pine nut	잣(=pinoli, 이태리에서는 [피뇨올리]라고 부름)
Pistachio	피스타치오
Walnut	호두

8. 와인(wine)

White wine	화이트 와인(백포도주)
Red wine	레드 와인(적포도주)
Sparkling wine	발포성 와인
Champagne	프랑스 샹파뉴 지방의 방식으로 만드는 발포성 와인
Rose wine	로제 와인(분홍빛 나는 와인)
Dessert wine	디저트 와인(후식 와인)
Ice wine	아이스 와인
Port	포트 와인

Madeira	마데라 와인
Sherry	쉐리 와인

1) 기타 주류(spirits)

Pernod	페르노드(아니스 향)
Amaretto	아마레또(아몬드 향) [아마알레또]
Kahluha	칼루아(커피향)
Cointreau	꼬앵뜨로(오렌지향 술)
Grand marnier	그랑마니에(오렌지향 술)
Calvados	사과향 술 [깔바도스]
Creme de Cacao	코코아향 술 [크렘 드 카카오]
Creme de Framboise	라즈베리향 술 [크렘 드 후람보아즈]
Frangelico	헤이즐넛 향 술 [후란젤리코]
Rum	럼(주원료: 사탕수수)
Whisky	위스키(주원료: 맥아)
Tequilla	테킬라(멕, 주원료: 용설란)
Vodka	보드카(주원료: 곡물)
Soju	소주
Sake	청주
Beer	맥주

1. 다음의 그림을 보고 세부명칭을 쓰시오.

① 밀의 구조

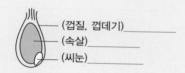

(껍질, 껍데기)_____
(속살)_____
(씨눈)_____

② 피자 & 파이

(토핑) _____
(반죽) _____
(껍질) _____

(충전물) _____
(껍질) _____

2. 다음을 영어로 적어보시오.

- 강력분　　　(　　　　　)
- 수돗물　　　(　　　　　)
- 대두　　　　(　　　　　)
- 발사믹 드레싱(　　　　　)
- 이스트　　　(　　　　　)

- 박력분 (　　　　　)
- 꽃소금 (　　　　　)
- 참기름 (　　　　　)
- 물엿　 (　　　　　)

3. 다음의 뜻을 한글로 적으시오.

Grains

No.	단어	뜻	No.	단어	뜻
1	barley		10	mung bean	
2	buckwheat		11	oatmeal	
3	chickpea		12	rice	
4	corn		13	rye	
5	fava bean		14	short grain rice	
6	kidney bean		15	sticky rice	
7	lentil		16	wheat	
8	long grain rice		17	sorghum	
9	millet		18	whole wheat	

Nuts

No.	단어	뜻	No.	단어	뜻
1	almond		5	pecan	
2	cashew nut		6	pine nut	
3	hazelnut		7	pistachio	
4	peanut		8	macadamia	

Condiments

No.	단어	뜻	No.	단어	뜻
1	apple vinegar		17	caesar dressing	
2	balsamic vinegar		18	tomato puree	
3	red wine vinegar		19	mayonnaise	
4	rice wine vinegar		20	ketchup	
5	white vinegar		21	mustard	
6	brown sugar		22	fish sauce	
7	white sugar		23	chili paste	
8	salt		24	bean paste	
9	sea salt		25	soy sauce	
10	table salt		26	mirin	
11	kosher salt		27	oyster sauce	
12	red chili powder		28	hot sauce	
13	worcestershire sauce		29	tabasco sauce	
14	tomato paste		30	anchovy sauce	
15	italian dressing		31	thousand island dressing	
16	french dressing		32	russian dressing	

6장

▼▼
▼

재료 밑손질에 주로 쓰이는 말

COOKING ENGLISH

6
재료 밑손질에 주로 쓰이는 말

소개

이번 장에서는 조리에 자주 등장하는 용어를 위주로 학습하도록 한다.

학습 목표

1. 조리에 자주 등장하는 용어를 이해한다.
2. 이미지로 용어를 이해한다.
3. 레시피를 통해 용어를 이해한다.

본문 내용

1. 조리 관련 용어
2. 난이도별 레시피 모음

1. 조리 관련 용어

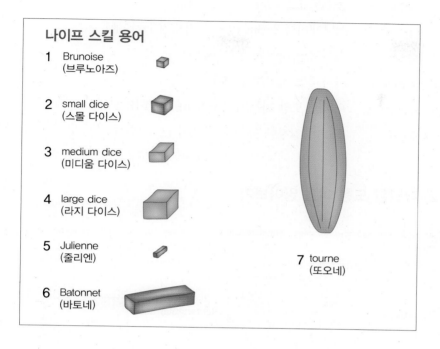

나이프 스킬 용어

1 Brunoise
(브루노아즈)

2 small dice
(스몰 다이스)

3 medium dice
(미디움 다이스)

4 large dice
(라지 다이스)

5 Julienne
(줄리엔)

6 Batonnet
(바토네)

7 tourne
(또오네)

1) 재료 써는 법

Slice	슬라이스(가늘게 채썰기)
Chop	잘게 자르기(적당한 크기)
Mince	아주 잘고 고르게 자르기
Chiffonade	잎을 포개서 모양대로 말아서 자르기
Brunoise	정사각형(2~3mm) 자르기 [브루노아즈]
Small dice	정사각형(0.6mm) 자르기 [스몰 다이스]
Medium dice	정사각형(1.2mm) 자르기
Large dice	정사각형(2mm) 자르기
Biased cut	어슷썰기 [바이어스트 컷]

Paysanne	보도블록형으로 자르기 [빼에잔]
Rondelle	동전모양으로 자르기 [론델]
Julienne	성냥개비형(2~3mm)으로 자르기 [쥴리엔]
Allumette	직사각형 자르기 [알루메트]
Batonnet	직사각형 자르기 [바토네]
Tourne	럭비공 모양 자르기(2.5~5cm, 7면) [또오네]
Oblique	돌리며 일정한 크기로 자르기 [오블리키]

2) 다양한 도형 이름 알아보기

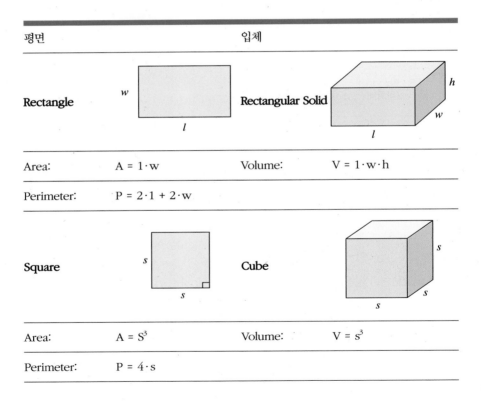

평면		입체	
Rectangle	w ▭ l	Rectangular Solid	h w l
Area:	$A = 1 \cdot w$	Volume:	$V = 1 \cdot w \cdot h$
Perimeter:	$P = 2 \cdot 1 + 2 \cdot w$		
Square	s s	Cube	s s s
Area:	$A = S^3$	Volume:	$V = s^3$
Perimeter:	$P = 4 \cdot s$		

Triangle	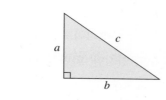	Right Circular Cylinder	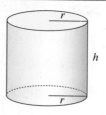

Pythagorean Theoream:	$a^2 + b^2 = c^2$	Volume:	$V = \pi \cdot r^2 \cdot h$

Sum of angle Measures	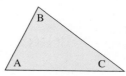	Right Circular Cone	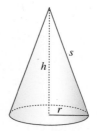

Area:	$A + B + C = 180°$	Volume:	$V = 1/3 \cdot \pi \cdot r^2 \cdot h$
		Surface Area:	$S = 2 \cdot \pi \cdot r \cdot h + 2 \cdot \pi \cdot r^2$

Circle		Sphere	

Area:	$A = \pi \cdot r^2$	Volume:	$V = 4/3 \cdot \pi \cdot r^3$
Circumference: $\pi = 3.14$	$C = \pi \cdot d = 2 \cdot \pi \cdot r$	Surface Area:	$S = 4 \cdot \pi \cdot r^2$

자료: Marvin L. Bittinger, Basic Mathematics, Pearson Education

3) 향내기 재료(Mirepoix)

Mirepoix는 [미르뿌아]라고 읽는다. 양파, 당근, 셀러리로 구성된 육수나 소스의 기본이 되는 재료로 비율은 다를 수도 있지만, 일반적으로 양파 50%, 당근 25%, 셀러리 25%가 들어간다(Onion 50% + Carrot 25% + Celery 25%).

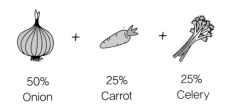

| 50%
Onion | 25%
Carrot | 25%
Celery |

4) Matignon

Matignon(Edible mire poix)는 [마티뇽]이라고 읽고 커리에 넣는 야채(양파, 당근 등)와 같이 먹을 수 있는 미르푸아를 의미한다.

Carrot 2 parts
Celery 1 part
Onion 1 part
Leek 1 part
+ Pork product(Ham, Bacon, Ham hark) 1 part

5) Asian aromatics

Asian aromatics는 아시아 음식의 기본 향신료로, 마늘, 생강, 대파가 있다.

Garlic 2 parts + Ginger 2 parts + Green onion 1 part

6) Cajun trinity

Cajun trinity(케이준 트리니티)는 케이준 음식의 기본이 되는 재료로 양파, 셀러리, 피망이 있다.

Onion 2 parts
Celery 1 part
Bell pepper 1 part

Onion
(양파)

Celery
(셀러리)

Bell peper
(피망)

7) Bouquette garni

Bouquette garni(브케가르니)는 향신료 다발을 가리키며 셀러리 줄기, 타임, 파슬리 줄기, 릭, 월계수 잎을 합친 것이다.

Celery stem

+

Thyme

+

Parsley stem

+

Leek

+

bay leaf

Bouquette garni
(브케가르니)

8) Sachet d'epices

Standard Sachet d'epices[사쉐 데피스]는 향신료 주머니로 사쉐 드 에피스는 면으로 만든 주머니에 후추, 월계수 잎, 타임, 파슬리 줄기, 마늘(옵션)을 넣어 만든 것으로 한국에서 동치미나 나박김치를 만들 때 마늘을 비롯한 향신료를 주머니에 넣어 함께 숙성시키는 것과 같다.

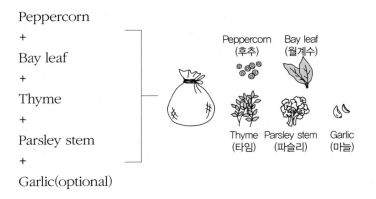

Peppercorn
+
Bay leaf
+
Thyme
+
Parsley stem
+
Garlic(optional)

9) Onion brulé

Onion brulé는 [오니언 브륄레]라고 읽는데 양파를 장시간 볶아 매운 맛을 날려주고 단맛이 나도록 짙은 갈색이 날 때까지 볶아주는 것을 말한다.

10) Onion pique

양파 반쪽에 월계수 잎 1장과 정향 2~3개를 꽂아서 만든다.

 다음의 단어와 뜻이 맞도록 연결하시오.

- Bake   a. 발효하다.
- Chop   b. 젓다.
- Ferment   c. 굽다.
- Stir   d. 잘게 자르다.
- Roll   e. 말다.

2. Sachet d'epices는 어떻게 만드는가?

3. Onion brul 란 무엇인가?

4. 다음 그림을 보고 빈칸에 알맞은 단어를 적으시오.

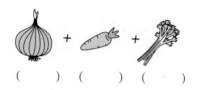

(   )   (   )   (   )

2. 난이도별 레시피 모음

다음의 레시피에는 난이도가 ○ 표시로 되어 있다. 본인의 실력에 맞게 단계별로 학습해보도록 한다.

Balsamic vinaigrette 난이도 ●○○

makes 500 ml

Ingredients

120 ml	balsamic vinegar
360 ml	olive oil
pinch	sugar
1 tsp	mustard
tt	salt and black pepper
pinch	dried basil

Directions

1. In a bowl, combine the vinegar, sugar, mustard, salt and pepper. Gradually whisk in oil.
2. Check the seasoning with salt and pepper, if necessary. Mix in dried basil.
3. Serve immediately or store in the refrigerator for later use.

Scrambled egg 1 난이도 ● ○ ○

serves 2

Ingredients

6 ea	eggs
2 g	salt
pinch	pepper
30 ml	milk
15 ml	clarified butter

Directions

1. Beat the eggs with a whisk and add milk.
2. Grease the pan with clarified butter. Pour the eggs mixture into the pan.
3. Cook the eggs in a pan. Season with salt and pepper.
4. Check the consistency.

Scrambled egg 2   난이도 ● ● ○

serves 2

Ingredients

6 ea	eggs
2 g	salt
pinch	pepper
30 ml	milk
15 ml	clarified butter

Directions

1. In a bowl, beat the eggs with a whisk or fork until well blended. Add milk to the eggs and combine.
2. Place a nonstick saute pan over medium heat and add butter to coat the pan.
3. Pour the beaten eggs and milk mixture and reduce the heat to low. Stir frequently with the back of a wooden spoon or silicone spatula until the eggs are soft and creamy. The more you stir the eggs, the smaller the curds will be.
4. Cook them for 4~5 minutes and season with salt and pepper. Remove the eggs from the heat.
5. Serve right away on a warm plate.

Mashed potatoes 1 `난이도 ● ○ ○`

serves 4~6

Ingredients

1.2 kg	high-starch potatoes
90 g	unsalted butter, at room temperature
120 ml	whole milk
1 tsp	salt
pinch	freshly ground black pepper or white pepper

Directions

1. Scrub and rinse the potatoes.
2. Cook the potatoes in a boiling water.
3. Peel the potatoes.
4. Mash the potatoes with the mesher.
5. Add milk and butter and combine them well with a spoon.
6. Adjust the seasoning with salt and pepper.

Mashed potatoes 2 [난이도 ●●○]

serves 2

Ingredients

450 g	russet potatoes
50 g	unsalted butter, soft
90 ml	whole milk, hot
90 ml	heavy cream, hot
as needed	salt
as needed	ground black pepper or white pepper
pinch	parsley, chopped

Directions

1. Peel and cut the potatoes into large pieces. Cook the potatoes until tender enough to mash easily for 25~30 minutes. Drain the potatoes.
2. Puree the potatoes through a food mill or a potato ricer while the potatoes are hot.
3. Stir in the butter, hot milk, hot heavy cream into the potatoes.
4. Taste the potatoes and add salt and pepper. If you feel they taste flat, add more seasonings. If you like creamier mashed potatoes, add more milk, cream or butter.
5. Stop mixing as soon as it reaches silk and smooth texture. Spoon the potatoes on a heated plate and garnish with chopped parsley.
6. Serve it at once.

Broccoli soup 1 　난이도 ● ○ ○

serves 2

Ingredients

1 tablespoon	grapeseed oil
1 ea	onion, halved and sliced
3 cups	chicken stock
1 broccoli	① florets separated,
	② stems peeled, cut into medium dices
tt	salt and pepper

Directions

1. In a saucepan, heat the grapeseed oil over medium heat.
2. Add onion and cook until softened for 5 minutes.
3. Stir in the chicken stock and broccoli florets and stem rounds.
4. Bring to a boil and reduce the heat. Simmer until the broccoli is tender for about 10 minutes.
5. Puree the soup using a blender. Return the soup to the pot and season with salt and pepper. Serve Immediately.

Broccoli soup 2 난이도 ● ● ○

serves 2

Ingredients

300 g	broccoli
10 ml	vegetable oil
75 g	medium-dice Mirepoix
1	chicken stock
640 ml	standard Sachet d'Epices
80 ml	heavy cream, hot
3 g	salt
pinch	ground black pepper, or if necessary

Directions

1. Remove the florets from the broccoli and rinse under running water. Peel and dice the stems.
2. Heat the oil in a sauce pot over medium heat and add the mirepoix. Sweat them together until onions are translucent for 10~12 minutes. Add the rinsed broccoli and sweat until the stems are tender about 10 minutes.
3. Pour chicken stock and bring to a simmer at 90℃. Add the sachet and reduce the heat to low until the vegetables are throughly cooked for 40 minutes. Stir frequently.
4. Discard the sachet. Puree the soup with a blender until smooth. Strain through a chinoise and discard any fibers remaining in the strainer. It can be cooled rapidly and refrigerated for later service.
5. Return the soup to a simmer. Add heavy cream and season with salt and pepper. Serve in heated a cup or a soup bowl.

Sponge cake 난이도 ● ● ○

makes 1 cake

Ingredients

60 g	butter, melted
1 tsp	vanilla extract
4 ea	eggs
3 ea	egg yolks
190 g	granulated sugar
190 g	cake flour, sifted

Directions

1. Dust the cake pan with a bit of softened butter and some flour. Softended butter and vanilla extract.
2. Combine the eggs and egg yolks, and sugar in a mixing bowl. Set over a double boiler and whisk constantly until the sugar granules dissolves and the mixture reaches 43℃.
3. Whip the mixture in a stand mixer with a whisk attachment until the foam reaches maximum volume for 10 minutes. Reduce the speed to low and mix for 15 minutes to stabilize the mixture.
4. Fold in the flour carefully. Fold in melted butter and vanilla extract. Pour the cake batter into a round cake pan filling the pans two-thirds full.
5. Bake at 175℃ until the tops of the cakes spring back when touched, about 20~30 minutes.
6. Cool the cake in the pan for 5 minutes and then unmold onto a sheet pan. Transfer the cake on a cooling rack and cool it completely.

Chocolate chip cookie 1 `난이도 ● ○ ○`

makes 18 cookies

Ingredients

120 g	unsalted butter
55 g	white sugar
115 g	dark brown sugar
1/2 tsp	salt
1 ea	egg
1 tsp	vanilla extract
200 g	AP flour
1/2 tsp	baking soda
150 g	chocolate chip

Directions

1. Scale all ingredients with a digital scale. Sift AP flour and balking soda together. Preheat the oven to 170℃.
2. In a bowl, softended butter, white and dark brown sugar and salt. Creaming together for 10 minutes.
3. Add an egg and vanilla extract. Mix them well with a beater until smooth.
4. Add dry ingredients and combine them throughly with a spatula.
5. Pour chocolate chips into a batter and combine.
6. Scoop out the dough with an ice cream scoop onto a sheet pan lined with parchment paper. Bake them at 170℃ for 10 to 12 minutes.

Chocolate chip cookie 2 난이도 ● ● ○

makes 24 cookies

Ingredients

200 g	unsalted butter
140 g	granulated sugar
90 g	light brown sugar
1 tsp	salt
2 ea	egg
1 tsp	vanilla extract
300 g	cake flour
1/2 tsp	baking soda
200 g	chocolate chunks

Directions

1. Preheat the oven at 175℃. Line sheet pans with parchment paper. Sift cake flour, baking soda and salt together.
2. Cream the room temperature butter and sugars on medium speed for 5~10 minutes until the mixture is smooth and light in color.
3. Add eggs and vanilla extract to the mixture gradually. Mix them until all the ingredients are fully incorporated.
4. Mix in the sifted dry ingredients.
5. Add chocolate chunks and mix until just incorporated.
6. Divide the dough into 40g each and place on the sheet pans. Bake at 175℃ until golden brown around the edges for 10~12 minutes. Cool them completely on a cooling rack.

Chicken stock 난이도 ● ● ○

serves 1

Ingredients

1 kg	chicken bones and necks
1 ea	carrot, peeled and cut into 1 inch pieces
1 stalk	celery
1 clove	garlic
1 ea	onion, peeled and quartered
3 sprig	Italian parsley
1 ea	bay leaf
5 ea	black peppercorns

Directions

1. In a large pot, place the chicken bones, carrot, celery, garlic, onion, parsley, bay leaf, and peppercorns and pour cold water enough to cover.
2. Put the pot over medium heat and slowly bring to a boil.
3. As soon as it brings to a boil, reduce the heat to low and simmer.
4. Use a skimmer or a large slotted spoon to skim off the impurities that rise to the surface. If they are not removed, the stock will be cloudy.
5. Continue to simmer for 2 hours and skim the surface regularly. Add more water if necessary.
6. Strain the stock with a fine sieve. Discard the solids that are left behind.
7. Before using the stock, remove all of the fat. Chill the stock to degrease the clear yellow fat from the surface.
8. Cool the stock in an ice bath and let it cool, stirring occasionally. Store in a refrigerator.

Caesar salad `난이도 ●●○`

serves 4

Ingredients

3 oz	bread, cut into cubes
3 Tbs	olive oil
pinch	salt and pepper
90 g	chicken breast, cut into 1/2 inch thick
60 g	romaine lettuce
1/4 c	lemon juice, freshly squeezed
3 oz	mayonnaise
3 oz	Parmesan cheese, grated
1 ea	anchovy fillet, coarsely chopped
1 clove	garlic

Directions

1. Make the croutons with cubed bread. Preheat the oven to 175℃. Place the bread on a baking sheet pan. Drizzle with 3 tablespoons of olive oil and season with salt and pepper. Toss and bake for 10-12 minutes until golden brown. Remove the croutons from the oven and let cool.

2. Heat a large nonstick pan over high heat. Season chicken with salt and pepper on both sides. Cook them through for 3~5 minutes. Remove it from the heat and set aside. Once it cooled, slice the chicken crosswise into strips.

3. Cut the romaine hearts crosswise into 2.5cm. Rinse under cold water and drain them well.

4. Make the dressing. In a blender, combine lemon juice, mayonnaise, cheese, anchovy fillet, and a garlic clove. Blend until smooth.

5. Plate lettuce on a plate and place chicken strips on top. Toss with the croutons and pour dressing. Serve immediately.

Buttermilk pancakes `난이도 ● ● ○`

serves 2

Ingredients

1 c	AP flour
1 Tbs	granulated sugar
1 tsp	baking powder
1/2 tsp	baking soda
1/2 tsp	salt
2 ea	eggs
1 c	buttermilk
3 Tbs	canola oil

Directions

1. Make the batter. In a large bowl, combine all the ingredients except oil and whisk well. Do not overmix the batter otherwise the pancakes will be heavy.
2. Heat a nonstick pan over medium heat and oil the surface with a pastry brush lightly.
3. Ladle the batter onto the pan.
4. Flip the pancake until the surface of the pancake is covered with tiny bubbles. Cook it for 2 more minutes when the second side is golden brown.
5. Repeat the steps with the remaining batter. Use a flat spatula to tranfer the pancakes to a plate.
6. Serve immediately with butter and maple syrup.

Bread making steps 난이도 ● ● ○

makes 1 loaf

Ingredients

100 g	bread flour
65 g	water
2 g	salt
1.5 g	fresh yeast

Directions

1. Scale all the ingredients.
2. Fit a stand mixer with the hook attachment. Add the ingredients to the bowl of the stand mixer and knead the dough. Place the dough in an oiled bowl.
3. Let the dough rise in a warm spot cover with linen until it doubles its volume. It usually takes 45min.~1 hour. This step is known as 'bulk fermentation.'
4. Punching down the dough to release gases built up during fermentation.
5. Divide the dough using a bench scraper.
6. Shape the dough into rounds.
7. Cover the dough with plastic or linen and let it rest about 15 minutes. This step is known as 'bench rest.'
8. Divide the dough into a desired or specified shape in your recipe.
9. Do the final fermentation in warm place or the proofer.
10. Score the bread surface with the knife blade, if necessary.
11. Bake off the bread in the oven.
12. Let cool before serving.

Carrot cupcake 난이도 ● ● ○

makes 12 cookies

Ingredients

150 g	vegetable oil
60 g	granulated sugar
50 g	light brown sugar
2 ea	eggs
1 tsp	vanilla extract
130 g	cake flour
1/2 tsp	baking powder
1/2 tsp	baking soda
1/2 tsp	cinnamon powder
1/2 tsp	salt
1 1/2c	carrots, grated
40 g	raisin
40 g	walnut, chopped

Directions

1. In a bowl, combine oil, sugar, salt together.
2. Add eggs and vanilla extract and whisk together until lightly aerated.
3. Add sifted flour, baking powder, baking soda, and cinnamon powder. Mix them well with a beater until incorporated.
4. Add grated carrots, raisin, and chopped walnut and mix them with a spatula.
5. Spoon out the batter into a baking cup in a muffin tin. Bake them at 175℃ for 25~30 minutes. Insert a toothpick or metal skewer into the center of cupcake. If it comes out clean, the cupcake are ready to take off from the oven. Let the cupcake cool slightly and transfer to a cooling rack to cool down completely.

Kalbi Jim 난이도 ●●●

serves 5

Ingredients

5 ea	shiitake mushrooms, dired	200 g	carrots, oblique-cut
2 kg	beef short ribs	pinch	salt
200 ml	mirin(cooking wine)	2 ea	eggs, separated
3 ea	onions, cut into quarters	as needed	sugar
20 g	ginger, peeled and crushed	50 g	pine buts, toasted
6 clvoes	garlic	1Tbs	sesame oil
5 ea	Chinese dates	1 c	soy sauce
200 g	daikon, sliced in chunks		

Directions

1. Rehydrate the shiitake mushrooms in cold water. Cut off the stems and halve the mushrooms. Squeeze the excess water out and set aside.
2. In a pot of boiling water, blanch the short ribs for 10 minutes ro remove impurities. Drain and rinse well.
3. In a large pot, place the short ribs and add soy sauce, mirin, onion, ginger, garlic, and dates. Pour water enough to cover the short ribs.
4. Simmer over low heat until short ribs are fork-tender and soft about 1~2 hours. Turning occasionally to keep the short ribs are evenly moistened.
5. When the meat is tender, add rehydrated mushrooms, carrots, daikon and salt. Simmer until vegetables are soft for 10~15 minutes.
6. Meanwhile, cook the egg whites and egg yolks to make a thin omelet (jidan). Cut both egg white and egg yolk omelette into lozenge shapes.
7. Discard ginger and adjust the seasoning with sugar and soy sauce, if necessary. Stir in pine nuts and sesame oil and cook until heated through.
8. Put them in a warm bowl with sauce and top egg white and yolk omelette.

Pad Thai 난이도 ●●●

serves 4

Ingredients

8 oz	rice noodles	pinch	red pepper flakes
1/4 c	tomato-based chili sauce	3 Tbs	soy sauce
1/4 c	lime juice, fresh	2 c	mungbean sprouts
500 g	shrimp, peeled and deveined		
3 ea	scallion, cut crosswise into 1 inch pieces		
1/4 c	peanuts, coarsley chooped		
1 ea	egg, lightly beaten	2 Tbs	light brown sugar
1 Tbs	fish sauce	1/4 c	cilantro, chopped
4 cloves	garlic, minced	4 Tbs	vegetable oil

Directions

1. Bring water to aboil in a large pot and remove from heat. Stir in the rice noodles and let soak until softened, about 3minutes. Drain.
2. In a bowl, combine chili sauce, lime juice, soy sauce, brown sugar, and fish sauce. In a nonstick pan, heat the oil over medium heat.
3. Add garlic and red pepper flakes and cook for 1 minute. Add the shrimp and cook it for 3~4 minutes until opaque throughout. Transfer the shrimp to a plate.
4. Return the pan to medium-high heat. Add the oil along with rice noodles and the chili sauce mixture. Pour the mungbean sprouts, scallions, and shrimp, and egg. Toss until well combined about 2~3 minutes.
5. Place them on a plate topped with chopped peanuts and cilantro.
6. Serve at once.

Spaghetti with meat balls 난이도 ●●●

serves 4

Ingredients

3 Tbs	olive oil		
1 ea	onion, chopped		
2/3 c	dried bread crumbs		
5 c	canned crushed tomatoes		
1/2 c	parmesan cheese, grated		
1/2 c	flat-leaf parsley, coarsely chopped		
1/2 tsp	dried basil	4 cloves	garlic
1/4 tsp	dried thyme	1 ea	egg
1 lb	beef, ground	1 lb	dried spaghetti
tt	salt and pepper	1/3 c	milk

Directions

1. In a nonstick pan, heat the oil over medium heat. Add garlic cloves and cook for 2 minutes.
2. Add crushed tomatoes, basil, thyme and season with salt and pepper. Bring to a boil and lower the heat to low. Cook it for 25 minutes.
3. In a bowl, combine the egg, milk and season with salt and pepper. Stir in the onion, bread crumbs, grated cheese, and chopped parsley.
4. Add the ground beef and mix until combined. Form the mixture into 1 inch balls.
5. Add the meatballs to the pan and simmer until the meatballs are cooked through over medium heat.
6. Cook the spaghetti in a pot of boiling salted water until al dente for 8~10 minutes. Drain the pasta, transfer to the pan and toss with tomato sauce and the meatballs.
7. Serve in a plate with cheese.

다음은 주방에서 쓰는 조리방법(kitchen how to)에 관한 내용을 스텝별로 정리한 내용이다. 가벼운 마음으로 한 번 읽어보자.

Blanching vegetables(채소 데치기)

1. In a large pot filled with cold water, bring to a boil.

2. When the water is boiling, add 2 teaspoon of salt and vegetables.

3. As soon as the vegetables are crisp, remove the blanched vegetables with a skimmer or slotted spoon. The vegetables should be brightly colored.

4. Shock the vegetables in an ice water. This will stop the cooking process and set the color. This is a technique known as 'shocking.'

Dicing onions(양파 다지기)

1. Using a knife, peel the onion.

2. Using a chef's knife, cut the onion in half lengthwise through the root end.

3. Trim each end, leaving some of the root end intact.

4. Place an onion half, flat side down with the root end facing away from you.

5. Cut the onion half lengthwise. Do not cut all the way through the root end.

6. Cut the onion half crosswise. To mince the onion, rock the blade back and forth over the onion pieces.

Peeling & deveining shrimp(새우 손질하기)

1. Pull off the head and legs of shrimp. Work with one at a time.

2. Pull off the shell from the meat.

3. Remove the vein on the outer curve with a toothpick. This is a technique known as 'deveining.'

4. Rinse with cold water to remove any residual grit.

Toasting nuts(너트류 굽기)

1. Place the nuts in a dry pan over medium heat.

2. Stir them frequently to prevent burning for 2~4 minutes. This step brings out the flavors of the nuts.

3. As soon as the nuts are golden brown, transfer them to to prevent carry over cooking and cool down.

어느 조리 선배의 말 1: 영어 공부 잘 하는 법

가끔 영어를 가르치다보면 어떻게 하면 영어를 잘 할 수 있느냐는 질문을 받게 된다. 참 어려운 질문이다. 잘 생각해 보면 뭐든지 잘 하는 방법은 간단하다. 열심히 하고 꾸준히 매달린 상태에서 놓지 않으면 누구든지 무엇이든 잘 할 수 있다.

놓지 않으려면 고비를 잘 넘어야 한다. 성격적으로 끝장을 보는 스타일인 사람이 성공하는 까닭도 바로 이 때문이다. 그들이 다른 사람들보다 고비를 잘 넘긴다. 깡으로 악으로 버티는 힘이 있으니까. 세상과의 대결에서 맞붙어볼 그런 깡과 악이 없는 사람은 그럼 무얼 가져야 하나? 성실하고 인내할 줄 아는 겸손을 가져야 한다. 그래야 오래 버틸 수 있다. 세상 모든 일은 고비가 있고 언덕이 있고 내리막길이 있다. 그 고비를 돌아서 가든 질러서 가든 언덕을 넘으려면 그 두 가지 길 중 하나를 선택해야 한다. 얼렁뚱땅 한 번 우연치 않게 고비를 넘는 건 실력이 아니다. 운이다. 실력은 반복될 수 있지만 운은 계속 반복되기가 힘들다.

또한 어려움을 견디는 것은 '호기심'이다. 과거 학습에서 경험된 호기심은 도전을 가능하게 한다. 마치 아이들이 무서운 줄 모르고 이것저것 시도해 보는 것처럼 … 호기심은 재미에서 나온다. 호기심이 총이라면 화약은 성취 체험이다. 성취는 호기심에 관성을 유지해 준다. 관성이 속도감으로 변할 때 그 움직임의 모태는 전력질주 할 때 흘렸던 땀방울이다. 스스로에게 최선을 다했을 때 우리는 카타르시스를 느낀다. 전력질주 할 수 있는 에너지는 기초체력에서 나오고 건강해야 가능한 것이다. 건강은 습관이고 자기관리가 철저해야만 가능한 삶의 모습이다. 일시적 편안함을 묵과하고 규정된 삶의 법칙에 따라 자신을 옭아매는 그것이 건강한 삶이다. 삶은 포기할 수 있을 때 빛을 발하고 그것은 우리의 삶이 유한하다는 위기의식에서 나온다.

"영어는 뇌가 아니라 근육으로 하는 거다." (공부가 아니라 훈련이다)

7장

▼
▼
▼

움직임을 표현할 때

COOKING ENGLISH

7
움직임을 표현할 때

소개

이번 장에서는 레시피의 기본 문형구조와 프렙에 관련된 동사를 이해한다.

학습 목표

1. 레시피의 기본 문형을 익힌다.
2. 조리에 관련된 동사를 학습한다.
3. 베이킹에 관련된 동사를 학습한다.

본문 내용

1. 레시피의 기본 문형
2. 조리 프렙 동사
3. 베이킹 관련 동사

1. 레시피의 기본 문형

일반적인 영어 문장의 어순은 주어+동사이다. 그런데 레시피에서는 주어를 굳이 쓰지 않아도 누가 만드는지 알 수 있기 때문에 생략하고 명령문의 형태인 동사 + 목적어 형태를 사용한다.

> 레시피 문장의 기본 구조
>
> 명령문 → 동사 + 목적어

레시피에 나오는 문장은 주로 동사로 시작되기 때문에 동사의 뜻을 잘 알면 문장이 저절로 해석되는 경우가 많다.

우리가 매일 먹는 밥을 지을 때를 한번 생각해보자. 예를 들어, 한국어 문장은 '쌀을 씻어 냄비에 넣고 물을 붓고 밥을 하시오.'라고 말할 수 있다. 우리말 어순은 '~하면서/~ 하기 위해서/~에다/~을/~게 조리하라'로 구성되어 있기 때문이다.

- ~ 하기 위해서(이유)
- ~ 할(또는 될) 때까지(조건)
- ~ 에다(도구, 기물)
- ~ 을(재료)
- ~ 하라(조리법)
- ~ 하면서(동시동작)

반면, 영어 어순은 '~게 조리하라/~을/~에다/~하면서 또는 ~ 하기 위해서'로 구성된다.

영어의 어순

'동사	+	목적어	+	부사구	+	조건절'
~게 조리하라		~을		~에다		~하면서, ~하기 위해서, ~한 다음
예: Cook		rice		in a pot with		water after rinsing

따라서, 영문 레시피의 기본 문장 형식은 다음과 같다.

첫 번째, 동사 + 목적어

  예: saute the onions

두 번째, 동사 + 목적어 + 부사구(전치사 + 명사)

  예: saute the onions in the pan

세 번째, 동사 + 목적어 + 접속사가 이끄는 절

  예: saute the onions in the pan <u>until they are translucent</u>

접속사절

QUIZ 다음을 어순에 맞게 순서대로 나열하시오.

• 양파를 볶아라.

  (onion, sautee)

  _____

• 팬에서 양파를 볶아라.

  (in a pan, onion, sautee)

  _____

• 양파가 투명해질 때까지 양파를 볶아라.

  (in a pan, onion, until transparent, sautee)

  _____

2. 조리 관련 동사

이제부터 본격적으로 mise en place[미장플라스]에 관련된 동사를 알아보도록 하겠다. 먼저 구문에 따른 동사는 다음과 같이 세 가지로 나눌 수 있다.

첫 번째, 동사 + 목적어

    Cut + 재료명

    Cook + 재료명

    Saute + 재료명

    Heat + 기물

두 번째, 동사 + 목적어 + 부사구(전치사 + 명사)

    Saute + 재료명 + 전치사 + 기물/도구

    Cut + 재료명 + into + 썰어진 결과물의 모양

    Rinse + spinach + under + running water

세 번째, 동사 + 목적어 + 접속사가 이끄는 절

    Saute the onions/ in the pan/ until translucent

1) CUT(썰다)

● **Cut + 재료명**

Cut the cabbage	양배추를 자르다
Cut the onion	양파를 자르다
Halve the napa cabbage	배추를 2등분하다
Quarter the napa cabbage	배추를 4등분하다

Cut the napa cabbage/ into 8 pieces 배추를 8등분하다

- **Cut (something) into B: into 뒤에 나오는 'B'모양으로 재료를 썰다**

Cut (something) into ~ (round shape) 둥근 모양으로 자르다

Cut something/ into 8 inch long 8인치 길이로 자르다

Cut it/ into 1 inch wide 1인치 두께로 자르다

Cut them/ into quarter 4등분 하다

- **모양/무늬**

Cut the potato/ into strips 감자를 길게 썰다

Cut the potato/ into cubes 감자를 깍두기 모양으로 썰다

Cut the potato/ into rectangular shape 감자를 직사각형으로 썰다

Cut the potato/ into circles 감자를 원형으로 썰다

Cut the potato/ into wedges 감자를 웨지 모양으로 썰다

예외 경우에 따라서는 into를 안 쓰고 바로 표기하는 경우도 있다.

Cut it thin diagonal slices(=Cut it diagonally) 대각선으로 썰다

QUIZ? 다음을 해석하시오.

- cut the cabbage into 4×4(4 by 4) inches size.

- cut the cabbage into 2 inches thickness.

- **같은 패턴 동사: shape, roll**

같은 패턴의 동사에는 Shape, Roll이 있다.

Shape(A를 ~ 모양으로 빚다)

Roll(말아서 ~모양으로 만들다)

| 예문 | Shape the dough into a log | 반죽을 통나무 모양으로 길게 만들다 |
| | Roll Kim-bab into a log | 김밥을 돌돌 말다 |

- **패턴 익히기**

V + 목적어(A) + away or off	A를 분리하다, 버리다
Cut the root off of green onion	파의 뿌리를 잘라내시오
Pour off any excess oil	남은 기름은 따라 버려라

- **같은 패턴 동사**: take, cut, pour

같은 패턴에 쓰일 수 있는 동사로는 Take, Cut, Pour가 있다.

Take (something) away	떼어버리다
Cut (something) off	잘라버리다
Pour off	(기름 따위) 따라 버리다

2) USE(도구를 쓰다)

- **Use (something): ~을 쓰다**

I usually use a paring knife for peeling off apple skin

사과껍질을 벗길 때 주로 과도를 사용한다

- **Use + 목적어(A) + as a garnish: 장식하는데 또는 고명으로 A를 쓰다**

| Use crouton as a garnish | 크루통을 고명으로 쓴다 |
| as a garnish | 장식으로, 장식용, 고명 |

3) COVER(뚜껑을 덮다, 채우다)

Cover bones with water   뼈에 물을 부어 잠기게 한다

  Cook the beef, uncovered, at a gentle simmer

                               쇠고기를 뚜껑을 덮지 않고 뭉근히 끓인다

4) FILL(채우다)

● 패턴 익히기

Fill A with B   A를 B로 채우다

Fill the pot halfway with water   냄비에 절반을 물로 채우다

● 같은 패턴 동사: fill, cover, stuff, season

같은 패턴에 쓰일 수 있는 동사는 다음과 같다.

Fill   채우다

Cover   뚜껑을 덮다, (물 따위에) 잠기게 하다

Stuff   속을 채우다

Season   간하다

조리방법을 나타내며 with 이후에 도구나 재료가 올 때의 예문은 다음과 같다.

Fill the pot **with 1 cup of water**   냄비에 물 1컵을 붓다

Cover the pot **with a lid**   냄비뚜껑을 덮다

Stuff chicken cavity **with mirepoix**   닭 속을 미르푸아로 채워 넣다

Season **with salt and pepper**   소금과 후추로 간을 하다

5) ADD(넣다, 첨가하다)

- 패턴 익히기

Add (something) to B	~를 B에 넣다
Add mirepoix	미르푸아를 넣다
Add red wine to deglaze the pan	팬을 디글레이즈하기 위해 적포도주를 붓다
Add remaining cold liquid	남은 찬 액체를 넣다
Add part of the cold stock to the hot roux mixing it with a whisk	뜨거운 루에 찬 육수를 붓고 거품기로 섞는다

- 같은 패턴 동사: move, transfer, bring

Add	넣다
Move	옮기다
Transfer	옮기다
Bring (A) back	A를 뒤에 놓다

6) MIX(섞다, 혼합하다)

'~에다 무엇을 섞는다.'라는 뜻으로 이를 활용한 예문은 다음과 같다.

Mix all the ingredients together   모든 재료를 한 번에 다 섞는다

- 같은 패턴 동사: whisk, toss, add, fold, stir

Whisk (something) in ~	(거품기)로 저어주면서 ~을 섞는다
Toss (something) in ~	던져주면서 ~을 섞는다
Add (something) to ~	~을 더해준다

Fold (something) in(into) ~   접어주듯이 섞다
Stir (A and B) in ~   (국자)로 저어주면서 ~을 섞는다

> **예문** Stir 5 ounces chocolate/ **in** a large metal bowl
> **Fold** egg whites/ **into** yolk mixture
> **Mix** water/ **in** the cold roux/ with a whisk/ a little at a time

7) STIR(휘젓다)

'(설탕 따위를) 녹이기 위해 젓다'는 뜻으로 다음과 같이 활용할 수 있다.

Stir occasionally   가끔 저어주다
Stir frequently   자주젓다
Stir constantly   계속젓다
Stir from time to time   이따금 젓다

[whisk]

8) KEEP(계속 ～하다)

● Keep + 동사 + ing: 계속해서 ～하다

Keep stirring   계속 저어주면서
While keep stirring   젓는 동안

9) PUT(넣다, 놓다, 깔다)

● 패턴 익히기

> **예문** Put (something) in B   B에 ~를 넣다
> Put the bones/ in a pot   냄비에 뼈를 넣다

Put the bones/ in a steam kettle	찜 솥에 뼈를 넣다
Put some vegetable oil/ in the pan	팬에 기름을 넣는다
Put egg/ in a bowl	볼에 달걀을 넣다
Put cookies/ in a bag	백에 쿠키를 담다
Put apples/ on the table	사과를 테이블 위에 놓다
Put the pan/ over high heat	팬을 센불에 올리다
Put the bag/ under the desk	테이블 아래 백을 두다

10) HEAT(가열하다)

● **패턴 익히기**

Heat + 재료(A) + in B   B에 있는 A를 가열하라

● **데우다/가열하다**

Heat/preheat + (something)   ~을 가열하다(예열하다)

예문	Heat the oil	기름을 데우다
	Preheat the oven	오븐을 예열하다
	Heat the oil/ in a large pan	큰 팬에 기름을 데우다
	Heat the oil/ in a large pan/ over medium heat	
		중불에 큰 팬을 올려 기름을 데우다

● **가열할 때 불의 세기를 나타내는 표현**

Over high heat	센 불에서
Over medium heat	중불에서
Over low heat	낮은 불에서
Over an open flame	불꽃이 나는 직화에서
On direct heat	불에 바로 닿게

In a pot of boiling water/ over high heat

　　　　　　　　　　　　　　　센불로 끓고 있는 물이 담긴 솥에

Put a pot with salted water/ over high heat

　　　　　　　　　　　　　　　소금물이 담긴 냄비를 센불에 올리다

● 온도를 ~ ℃/℉로 올리다 또는 낮추다

Preheat ~　　　　　　　　　　　미리 예열하다

Preheat the oven to 170℃　　　　오븐을 375℃로 예열하다

Preheat the oven at(to) 450℉　　오븐을 450℉로 미리 예열해준다

Reheat the sauce　　　　　　　　소스를 다시 데운다

Reduce the heat to a simmer　　　불을 뭉글하게 줄인다

Reduce the heat to low(= lower the flame)　불을 약 불로 낮추다

11) COOK(조리하다)

● 패턴 익히기

Cook + (something) + for + 시간　　~을 ~ 동안 조리하다

Cook the steak for 2 minutes　　　스테이크를 2분 동안 조리하다

Cook the steak for about 2 minutes 스테이크를 약 2분 동안 조리하다

● 건식조리법 + 기름 없이(dry heat cooking method without oil)

Roast　로스트 하다　　　　　Roast chicken for 1 hour

Bake　(오븐에) 굽다　　　　Bake cupcakes for 30 minutes

Broil　윗불에 익히다　　　　Place steak under the broiler

Grill　그릴에 굽다　　　　　Grill steak

Barbecue　바비큐하다　　　Barbecue pork ribs

- 건식조리법 + 기름 사용(dry heat cooking method with oil)

Wok saute	웍(중국요리팬)에 볶다
Saute	얇은 팬에 지지듯 볶다
Pan fry	팬에서 튀기다
Fry	튀기다
Stir fry	휘저으며 볶다

- 습식조리법(moist heat cooking method)

Steam	찌다
Poach	포치하다
Boil	끓이다
Braise	브레이징하다
Stew	뭉근히 오랜 시간 익히다

- 기타(others)

Par boil	살짝 데치다
Par cook	완전히 익히지 않게 하다
Pre cook	사전에 반 정도 익히다
Pre bake	사전에 반 정도 굽다

앞에 열거된 가열조리 용어 외에도 Marinate/Soak/Rehydrate와 같이 준비
하는 과정에 쓰이는 동사도 이 패턴에 쓸 수 있다.

- **가열조리와 관련된 여러 가지 표현들**

Overcooked	너무 익은
Fully cooked	완전히 익힌
Almost cooked(done)	거의 다 익은
Partially cooked	일부만 조리된 [파알셜리 쿡트]
Parcooked	미리 반 조리한
Barely cooked	거의 안 익은 [베얼리 쿡트]
Undercooked	설익은, 가열하지 않은
Raw	날 것의

12) BOIL(끓이다)

Return to a simmer	다시 뭉근히 끓인다

- **꼭 외워두면 유용한 표현**

Bring to a boil	끓이다
Bring to a simmer	100℃ 이하로 끓게 하다

- **같은 패턴에 쓰일 수 있는 동사**

Simmer	뭉근히 끓이다
Boil	끓이다

예문	Bring (something) to a boil	~을 끓이다
	Bring (something) to a simmer	뭉근히 끓이다
	Bring soup to a boil	수프를 끓이다
	Bring water to a boil	물을 끓이다

13) REMOVE(제거하다, 꺼내다)

Remove from the heat   불에서 꺼내다

Remove + 목적어(A) + from + ____B____   B에서 A를 꺼내다

     Remove the potatoes/ from the oven   오븐에서 감자를 꺼내다

     Take the potatoes out/ from the oven   오븐에서 감자를 꺼내다

     Remove the cookies/ from the oven   오븐에서 쿠키를 꺼내다

14) PLACE(깔다, 놓다)

● '깔다'의 표현

Place/Put/Line (something) on ~ : (바닥)에 ~을 깔다

Place (plastic wrap) directly on the surface of pastry cream

페이스트리 크림 위에 랩을 밀착시키다

Put (something) on ~

Layer

     Line the bottom of the pan with parchment paper

     기름종이를 팬 바닥에 깔다

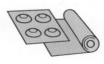

● '놓다'의 표현

Put (something) back in : ~ 안에 도로 갖다 놓다(붓다)

Put the mixture back/ in the pan   혼합한 것을 다시 팬에 넣다

Put it back/ on the stove   불에 다시 올리다

Put cookie dough/ in the oven   쿠키를 오븐에 넣어라

15) COOL DOWN(식히다)

Cool down the stock/ within 4 hours   4시간 이내에 육수를 식혀라

16) STORE(저장하다, 보관하다)

That chicken can be stored/ for several days

그 닭요리는 며칠 동안 보관할 수 있다

That cookies can be stored/ up to 5 days/ in refrigerator

그 과자는 냉장고에서 5일간 보관가능하다

17) HOLD/KEEP/STAND(상태를 유지하다, 보관하다)

Hold at room temperature	상온에서 두시오
Keep it at room temperature	상온에서 보관하시오
Keep it warm	따뜻하게 유지하다
Store at room temperature	상온에서 저장하다
Stay warm	따뜻하게 유지하다
Stay warm for 30 minutes	30분간 따뜻하도록 두시오
Let stand at room temperature	상온에서 그대로 두다
Room temperature	상온

18) SAVE(따로 떼어두다)

Set aside	(나중에 쓰기 위해) 한 쪽에 두다
Put aside until ready to serve	바로 서비스할 수 있도록 따로 보관하다

19) MAKE(만들다)

It can be made(prepared) in advance   미리 만들 수 있다

It can be made 4 hours ahead   4시간 전에 미리 만들어 놓

을 수 있다

It can be made 2 days in advance   이틀 전에 미리 만들어 놓

을 수 있다

20) CHECK(~가 맞는지 확인하다)

Check + 목적어

 Check the seasoning   소금 간이 맞는지 확인하라

Check the consistency   농도를 확인하라

Check the doneness   다 익었는지 확인하라

Check the temperature   온도를 확인하라

21) SEASON(간을 맞추다)

Season to taste   입에 맞게 간하라

Season with salt and pepper   소금, 후추로 간하라

Season with salt and pepper to taste   입에 맞게 소금, 후추로 간하다

Season with salt and pepper if desired   원한다면 소금, 후추로 간하다

Season with salt and pepper if necessary   필요하면 소금, 후추로 간하다

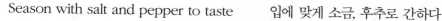

22) SERVE(음식을 내다)

Serve immediately	즉시 서비스하라
Serve at once	바로 서비스하라
You can serve it cold	차게 내도 된다
Serve the sauce/ in a separate bowl	소스를 별도의 그릇에 담아낸다
Serve the dressing/ on the side	드레싱을 따로 담아준다

3. 베이킹 관련 동사(basic baking verbs)

1) 준비하기(prep)

Measure	계량하다(=scale)
Preheat	(오븐을) 예열하다
Sift	(밀가루를) 체 치다
Melt	(버터를) 녹이다
Pour	(재료를) 붓다
Beat	(달걀을) 풀다
Scale	저울에 올려 계량하다
Separate	(흰자와 노른자를) 분리하다
Squeeze	(레몬이나 오렌지를) 쥐어짜다
Oil the pan	팬에 오일을 바르다
Grease the pan	팬에 기름칠 하다
Dust	팬을 밀가루로 얇게 입히다
Line with parchment	(팬에) 유산지를 깔다
Toast nuts	견과류를 마른 팬에 향이 나도록 굽다

2) 만들기(make)

Mix	섞다(=Blend)
Combine	재료를 합치다
Whisk	거품을 내다
Dissolve	(설탕이) 녹다
Fold	(주걱으로 반죽을) 섞다, 반죽을 접다
Spoon	숟가락으로 뜨다
Smooth the surface	표면을 매끄럽게 정리하다
Use	사용하다
Overmix	지나치게 섞다
Divide	분할하다
Blend	섞다
Rub	문지르다
Fill	채우다
Cream	부드럽게 만들다
Roll	돌돌말다
Press	(위에서) 누르다
Ferment	발효하다
Stir	젓다
Shape	모양을 잡다, 성형하다
Score	빵 표면에 칼집을 내다
Cut out	(반죽을 쿠키커터로) 자르다
Knead	반죽하다
Soak	불리다

예문 Stir in the egg and vanilla extract 달걀과 바닐라 에센스를 반죽에
넣고 젓다

Soak the gelatin leaves 젤라틴을 물에 불리다

3) 굽기(bake)

Brush	솔로 얇게 바르다
Bake	굽다
Cool	식히다
Test	(익었는지) 테스트하다, 확인하다

4) 장식하기(decorate)

Make the frosting	프로스팅을 만들다
Spread	얇게 펴 바르다
Decorate	장식하다
Sprinkle	위에 솔솔 뿌리다
Ice	(케익 위에) 아이싱하다
Pipe	짜다
Whip	거품을 내다
Coat	표면을 매끄럽게 정리하다, 코팅하다

실전연습

1. 다음 그림을 보고 빈칸을 채우시오.

- cut the potatoes into (   )

- cut the potatoes into (   )

- cut the potatoes into (   )

- cut the potatoes into (   )

2. 다음 동사 뒤에 가장 잘 어울리는 전치사를 적으시오.

- add (   )   ~더해주다
- fold (   )   ~접어주듯이 섞다
- fill (   )   ~로 채우다
- season (   )   ~로 간하다
- cut (   )   잘라내다

3. 다음 단어를 이용하여 문장을 만드시오.

예시: tenderize, meat, tenderizer(mallet): tenderize meat with a meat
    tenderizer.

- squeeze, orange, juicer: _____.
- chop, onion, knife: _____.
- mash, potato, food mill: _____.
- stir, soup, wooden spoon: _____.

4. 다음의 뜻을 적어보시오.

No. 문장	해석
1 Sautee the onion.	
2 Halve the napa cabbage.	
3 Cut the potato into sticks.	
4 Roll Kim-bab into a log.	
5 Use croutons as a garnish.	
6 Fill the pot halfway with water.	
7 Season with salt and pepper.	
8 Add mirepoix to a pot.	
9 Fold egg whites into yolk mixture.	
10 Put some oil in the pan.	

11 Preheat the oven.

12 Put a pot with salted water over high heat.

13 Reduce the heat.

14 Cook the sauce for 10 minutes.

15 Bring water to a boil.

16 Put it back on the stove.

17 That cookies can be stored up to 5 days.

18 Keep it at room temperature.

19 Check the seasoning.

20 Check the consistency.

21 Check the doneness.

22 Season to taste.

23 Season with salt and pepper if necessary.

24 Serve at once.

25 It can be made 4 hours ahead.

핵심동사 200

1	add (st) to ~	~에 넣다, 첨가하다
2	adjust	도 따위를 맞추다
3	age	성시키다
4	arrange	가지런히 늘어놓다
5	assemble	(재료 따위를) 모아 합치다
6	bake	(빵 따위를) 굽다
7	barbecue	바비큐하다
8	baste	국물을 재료 위에 끼얹다
9	beat	(달걀) 휘젓다, 풀다
10	blanch	(뜨거운 물에) 살짝 데쳐내다
11	blend	한꺼번에 갈다
12	blood out	(고기 등의 핏물을) 빼다
13	boil	끓이다

14 borrow

빌리다

15 braise

찜을 하다

16 bread

빵가루를 입히다

17 brine

(재료를 소금물에) 염장하다

18 bring

가져오다

19 broil

(위에서 내려오는 열로) 굽다

20 brown

겉을 갈색이 나게 하다

21 brunoise

잘게 사각썰기하다

22 brush

붓 따위로 발라주다

23 butter

버터를 바르다

24 butterfly

절반으로 잘라 펴다

25 caramelize

당화시키다, 캐러멜색이 나게 하다

26 carve

(로스팅한 고기 등) 썰어주다

27	char	태워서 새까맣게 그을리다
28	check	확인하다
29	chiffonade	실처럼 가늘게 썰다
30	chill	식히다
31	chop	(양파 등) 다지다
32	clarify	(육수 따위를) 맑게 만들다
33	clean	깨끗하게 하다
34	clear	깨끗이 치우다, 정리하다
35	coat	표면에 얇게 덮이게 하다
36	combine	합치다, 섞다
37	come off	(고기 등) 뼈와 잘 떨어지다
38	cook	조리하다
39	cool down	차게 식히다

40　core out

속을 파내다

41　cover

뚜껑을 덮다

42　crack

(달걀, 호두) 깨다

43　cream

크림처럼 부드럽게 만들다

44　crush

(위에서) 누르거나 내려서 으깨다

45　cure

소금에 절이다

46　cut

자르다

47　debeard

(홍합) 수염을 떼어내다

48　defrost

해동시키다

49　deglaze

육수 등을 넣어 긁어내다

50　degrease

뜨는 기름기를 제거하다

51　devein

새우내장을 빼다

52　dice

사각으로 썰다

53	dilute	희석시키다
54	dip	살짝 담가 적시다
55	discard	버리다
56	dissolve	(설탕 따위를) 녹이다
57	distill	증류하다
58	divide	나누다
59	dot	점점 찍듯이 흩뿌리다
60	double boil	중탕을 하다
61	drain	(중력에 의해) 물기를 빼다
62	dredge	(밀가루 따위) 묻히다
63	drizzle	(오일 등) 위에서 흩뿌리다
64	dry	말리다/건조시키다
65	dust	(밀가루 등) 털어내다

66	emulsify	유화시키다
67	ferment	발효되다, 발효하다
68	fill up	(물 따위를) 채우다
69	filter	(망 따위에) 거르다
70	fine dice	곱게 사각썰기하다
71	flambee	알코올로 팬에 불을 내다
72	flip over	(앞뒤로) 뒤집다
73	fold	(거품이 안 꺼지게) 살살 섞다
74	freeze	냉동시키다
75	fry	튀기다/달걀 프라이하다
76	garnish	고명을 얹다, 장식하다
77	glaze	윤기나게 조리다
78	go get (st)	가서 가져오다

79	grate	(치즈 따위를) 갈다
80	grill	석쇠에서 굽다
81	grind	(마찰에 의해서) 갈다
82	heat	(팬 등) 달구다
83	hold	상온에서 그대로 두다
84	hold together	저절로 달라붙다
85	immerse	(용액 따위에) 담그다
86	incorporate	한 데 섞다
87	infuse	(차나 기름 따위) 우려내다
88	julienne	곱게 채를 썰다
89	keep	계속 보관하다
90	knead	(빵, 수제비) 반죽하다
91	ladle	국자로 푸다

92	line	(바닥에) 깔다
93	marinate	양념에 재우다
94	mash	으깨다
95	measure	(무게 등) 재다
96	melt	가열해서 녹이다
97	mince	(고기 등) 다지다
98	mix	섞다
99	overcook	너무 익히다
100	pan fry	기름을 넉넉히 두르고 지지다
101	parboil	미리 살짝 삶아두다
102	parcook	미리 살짝 조리해두다
103	peel	(과일 등) 껍질을 벗기다
104	pickle	절이다, 피클을 담다

105	pipe	(생크림)짜다
106	place	~에 놓다/~에 담다
107	poach	(물에서) 뭉근히 삶다
108	pop up	순간에 부풀어 오르다
109	portion	1인분 분량으로 나누다
110	pound	두드려 펴다
111	pour	붓다/끼얹다
112	preheat	(오븐 따위를) 예열하다
113	prep	밑손질하다
114	preserve	장기간 저장하다
115	press	위에서 힘으로 누르다
116	proof	(반죽을) 숙성시키다
117	puff	부풀어 오르다

118	puree	걸쭉하게 갈다
119	put	~에 ~을 넣다
120	reduce	(국물) 졸이다, (불) 줄이다
121	refrigerate	냉장 보관하다
122	reheat	다시 데우다
123	rehydrate	(말린 것) 다시 물에 불리다
124	remove	제거하다, ~에서 꺼내다
125	render	(베이컨) 팬에서 기름을 빼다
126	repeat	(동작) 반복하다
127	rest	(고기, 반죽) 잠시 쉬게 하다
128	rinse	(채소 등) 물로 씻다
129	roast	(밀폐된 공간에서) 굽다
130	roll	굴려서 말다

144 set aside

한쪽으로 빼 놓다

145 shave

(치즈 등을) 아주 얇게 썰다

146 shock

갑자기 찬물에 담그다/넣다

147 shred

잘게 찢다

148 sift

체에 내리다, 체치다

149 simmer

뭉근히 끓이다

150 sip

홀짝 홀짝 마시다

151 sizzle

지글지글 소리를 내다

152 skewer

꼬치에 꿰다

153 skim

(위에 뜬 불순물) 건져내다

154 skin

껍질을 벗기다

155 slice

슬라이스하다

156 smoke

훈제하다

157	soak	(물에) 담가놓다, 불리다
158	spilt	쪼개다, 나누다
159	spin	돌려 물기를 빼다
160	spit roast	꼬치에 꿰서 굽다
161	spoon	(숟가락으로) 위에서 끼얹다, 뜨다
162	spread	(빵 위에) 바르다
163	sprinkle	위에 흩뿌리다
164	squeeze	쥐어짜다
165	steam	수증기로 찌다
166	steep	(차 따위) 우려내다
167	stew	찜을 하다
168	stick together	서로 달라붙다
169	stir	(설탕 등을 녹이려) 휘젓다

170 stir fry

중식스타일로 볶다

171 store

보관하다

172 strain

체에 내려 거르다

173 stuff

(만두 등) 속을 채우다

174 substitute

(재료) 대체하다

175 sweat

투명해질 때까지 살짝 볶다

176 sweeten

달게 하다

177 take (st) out

꺼내다, 건져내다, 제거하다

178 tear

손으로 찢다

179 temper

(초콜릿) 템퍼링하다

180 tenderize

(고기 따위) 연하게 하다

181 thaw

(언 재료를) 녹이다

182 thicken

(소스 등) 농도를 되게 하다

183	thin	(소스 등) 농도를 묽게 하다
184	throw away	버리다
185	tie	(닭 따위) 실로 묶다
186	toast	(빵, 견과류) 노릇하게 굽다
187	top	(고명으로) 맨 위에 올리다
188	toss	(샐러드) 살살 버무리다
189	transfer	~로 옮기다
190	trim	(고기 등) 손질하다
191	truss	(닭 따위) 실로 묶다
192	turn around	(재료를) 돌리다
193	turn down	(불) 따위를 졸이다
194	turn off	(불) 끄다
195	unmold	틀에서 꺼내다

196 use

(도구를) 쓰다

197 wash

씻다/세척하다

198 whisk

거품기로 휘젓다

199 wrap

포장하다

200 zest

(레몬 등) 껍질만 벗겨내다

8장

▼
▼ ▼ ▼

주방장비와
도구의 명칭

COOKING ENGLISH

8
주방장비와 도구의 명칭

소개

이번 장에서는 조리에 사용되는 장비와 도구를 위주로 학습하도록 한다.

학습 목표

1. 조리 관련 장비와 소도구의 이름을 학습한다.
2. 베이킹 관련 장비와 소도구의 이름을 학습한다.

본문 내용

1. 조리 관련 장비와 소도구
2. 베이킹 관련 장비와 소도구

1. 조리 관련 장비와 도구

1) 칼(knives)

Chef's knife(French knife)   셰프스 나이프(프렌치) [쉡스 나이프]

Paring knife   페어링 나이프(과도와 유사)

Boning knife   보닝 나이프(뼈에서 살을 발라내는 용도)

Slicer   슬라이스, 햄 등을 얇게 써는 기계

Bread knife   빵칼 [브레드 나이프]

Cleaver   중식칼 [클리버]

Tourné knife   토네 나이프(갈고리 모양의 칼, Tourné는 당근 등
을 7면의 럭비공 모양으로 깎아 내는 것을 말함)

Parisienne scoop   파리지엥 스쿠프(작은 구슬 모양) [빠리지엥 스쿱]

Melon baller   멜론 볼러

Clam knife   조개용 칼(조개껍질을 벌리는 용도)

Oyster knife   굴 칼(굴껍질을 벌리는 것을 shuck이라고 부르기
때문에 [셔클링 나이프]라고도 함)

Palette knife   팰럿 나이프

Cheese cutter(slicer)   치즈커터(치즈를 절단용도로 사용되는 절단기 또는
작두형, 줄을 이용한 형태, 필러 형태 등이 있음)

Cheese knife   치즈칼(칼날에 홈이나 빈 공간이 있음)

Sharpening stone   숫돌 [샤알프닝 스톤]

Steel   칼갈이 전용 철재 봉(칼날만 정리해주는 용도)

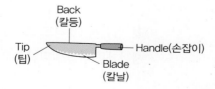

● 썰 때

Mandoline   맨돌린(야채 절단기, 만돌린으로 프렌치 프라이드/벌집 모
                      양/얇은 슬라이스 등을 자를 수 있음)

V slicer   다용도 슬라이스

Peeler   필러(과일/야채의 껍질을 얇게 벗길 수 있으며, 일명 감자
                      깎는 칼로 알려져 있음) [피일러]

Zester   제스터(오렌지, 레몬 등의 껍질 부분만 벗겨 낼 수 있음)

● 갈 때

Box grater   박스형 강판

Rasp Grater(Fine/Course/Ribbon)   줄 형의 강판

Food mill   푸드밀(감자, 야채를 갈 때 사용)

Pepper mill   페퍼밀(후추갈이)

Salt mill   솔트밀(소금갈이)

2) 소도구(utensils)

● 집을 때

Tongs   조리용 집게 [텅]

Meat fork or sauté fork   조리용 포크

Tweezers   조리용 핀셋 [트위저얼]

Lobster Cracker   바닷가재 껍질 절단용 집게 [랍스터 크랙커얼]

● 뒤집을 때

Solid spatula   철 뒤집개 [썰리드 스패츌라]

Fish spatula   생선전용 뒤집개(뒤집개 홈이 길게 파져 있음)

Slotted spatula	구멍이 있는 뒤집개 [슬라디드 스패츌라]
Offset spatula	얇고 잘 뒤집도록 된 뒤집개 (L자형 스페츌러라고도 함) [오프셋 스패츌라]
Rubber spatula	고무재질 뒤집개(알뜰주걱)
Silicon Spatula	실리콘 재질 주걱

● 저을 때

Solid spoon	조리용 수저 [썰리드 스푼]
Wooden spoon	나무 주걱
Slotted(Perforated) spoon	구멍 난 조리용 수저

● 섞을 때

Mixing bowl	믹싱 볼 [믹싱 보울]
Whisk(Whiper)	거품기 [위스크]

● 내리거나 거를 때

Ricer	감자를 곱게 갈아 내릴 때 사용
Tamis(Drum Sieve)	밀가루를 곱게 내리는 체(한국의 채와 가장 흡사) [테미]
Chinoise(Conical Sieve)	역삼각형 모양의 걸음용 체 [시누와]
China cap	걸음용 체(중국인 모자를 닮았다 하여 붙여진 이름) [차이나 캡]
Colander	콜랜더(야채에서 물을 뺄 때 사용)

Cheese cloth	면보(치즈를 잘 쌓아서 굳힐 때 사용하는 천에서 기인했으나 Sachet d'Epics를 쌓거나 수프나 스탁으로 곱게 거를 때 사용) [치즈 클로쓰]
Salad spinner	샐러드의 물기를 뺄 때 사용

● 건지거나 뜰 때

Spider	스파이더(거미줄처럼 생긴 틀 체)
Skimmer	스키머(작은 구멍을 가진 틀 체로 주로 스탁에서 기름을 걸러내는 용도로 사용)

● 풀 때

Ice scoop	얼음 뜨는 스쿠프 [아이쓰쿱]
Ice cream scoop	아이스크림용 스쿠프 [아이스크림 스꾸웁]

● 계량할 때

(Instant-Read) thermometer	휴대용 온도계 [떨마미털]
Scale	저울
Measuring cup	계량컵 [메져링 컵]
Measuring spoon	계량스푼 [메져링 스푸운]

● 국물, 액체를 따를 때

Ladle	국자 [래이들]
Funnel	퍼널(깔대기이라고 부르며, 팬 케이크 반죽을 팬에 일정 양 부을 때 사용)

- 보관할 때(storage containers)

Roasting pan	로스팅 팬
Sheet pan	시트 팬
Hotel pan	호텔 팬
Bain marie	들통(소스 보관통, 원통형) [밴머리]
Plastic container	플라스틱 보관함
Stainless steel container	스테인리스 보관함
Zipper bag	지퍼 백(비닐 위에 지퍼가 달려 손쉽게 음식을 보관)

TIP

호텔 팬의 크기

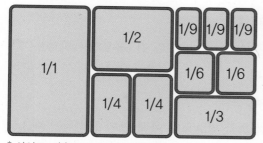

* 사이즈: 1/1(530×325)을 기준으로 한다.

- 버릴 때

Garbage can	쓰레기 통 [가알비지 캔]
Garbage bag	쓰레기 백(비닐 주머니) [가알비지 백]
Food bin	음식물 분리수거 통 [푸드 빈]

- 모양을 잡을 때(mold)

Pâté mold	파테용 몰드(파테가 완성된 뒤 쉽게 꺼낼 수 있도록 조립형으로 되어 있음)
Terrine mold	테린 몰드(사기그릇 또는 스테인리스 재질로 되어 있으며 모양도 매우 다양함)
Ramekin(Souffleé Dish)	래미칸(수풀레용 용기)
Gratin dish	그라탕 디쉬(그라탕을 오븐에 넣고 구울 수 있는 도자기 그릇)
Timbale mold	팀발용 틀(음식을 쌓아올릴 수 있도록 원통형 형태로 만들어 놓은 다양한 틀)
Cake pan	원형 케이크용 팬(아래가 막혀 있음)
Cake ring	원형 링(무스형 케이크를 만들 때 사용)
Tart pan	타르트용 팬
Fluted tart pan	옆면에 주름이 있는 타르트 팬 [홀루티드 타르트 팬]
Pie pan	파이용 팬
Loaf pan	식빵용 팬
Springform pan	케이크 시트를 만들도록 아래 판이 분리되는 팬 [스프링포옴 팬]
Tube pan	시폰 케이크용 팬(가운데가 원통 모양으로 비울 수 있도록 제작되어진 팬) [튜웁 팬]
Kugelhopf pan	쿠겔홉프 케이크용 팬
Muffin tin	머핀용 팬 [머핀 틴]

- 감싸거나 담거나 묶을 때

Plastic Wrap/Saran wrap(브랜드 이름)	투명 랩

Aluminum foil	알루미늄 호일(hoil은 h로 시작하지 않고 f로 시작되므로 발음에 주의)
Butcher's paper	부처용 종이
Butcher's twine(String)	(고기 묶을 때) 쓰는 실 [부처스 트와인]
Parchment paper	유산지 [파알치먼트 페이퍼]
Wax paper	왁스 페이퍼(이 종이는 오븐에 들어갈 수 없고 오븐에 사용하면 화재의 위험이 있어 구분하여 사용해야 함)

● **끓일 때**(pans and pots)

Stock pot	스탁용 냄비
Sauce pot	소테용 냄비
Sauce pan	소스용 냄비
Sauté pan(Sauteuse)	볶음용 팬
Sautoir	볶음용 팬(Sauteuse은 팬 끝이 둥글게 처리되어 있으며, Sautoir는 각이 진 형태) [소트와르]
Wok	중식용 팬 [웍]
Paella pan	빠에야 팬(스페인의 해산물을 넣은 밥 요리인 빠에야를 하기 위한 낮고 넓은 전용 팬)
Grill pan	그릴전용 팬
Rondeau	런도(낮고 넓은 손잡이가 달린 팬으로 주로 스튜를 할 때 이용)
Roasting pan	로스팅 팬
Omelet pan	오믈렛 팬
Cr pe pan	크레페 팬
Bamboo steamer	대나무 찜기 [뱀부 스티이멀]

Tagine	타진(쿠스쿠스를 할 수 있는 찜기)
Double boiler	중탕용 전용 냄비
Fish poacher	생선을 포취로 조리할 수 있는 냄비

3) 장비(equipment)

● 갈거나 썰 때(slicing machine)

Food chopper(Buffalo chopper)	푸드차퍼(섬세한 작업보다는 잘게 다지는 목적으로 주로 사용)
Meat(food) slicer	슬라이스 기계(고기나 야채를 두께별로 얇게 슬라이스 할 수 있으며 주로 정육점에서 사용)
Meat grinder	고기를 곱게 갈아주는 기계
Food processor(robot coup)	푸드 프로세서(로버 쿱)
Blender	블렌더(믹서기)
Immersion blender	바형 믹서기(도깨비 방망이, burr mixer, hand blender, stick blender 등)

● 가열할 때(heating equipment)

Open-burner range(Stove top)	레인지
Flat top range	플랫 탑(상부를 평편하게 두꺼운 철판으로 덮어 불은 보이지 않은 형태로 직접적인 화력이 전달되지 않기 때문에 천천히 조리하거나 식지 않도록 보관 시 사용)
Ring-top range	링 탑(상부를 크고 작은 링으로 올려놓은 형태로 플랫 탑과 같은 역할)

Low range	낮은(무릎보다 낮은 위치에 놓인 레인지로 스탁이나 소스를 준비하기 편하도록 설치된 레인지로 화력을 높이기 위해 3~4개의 레인지가 설치) [로우 레인지]
Induction burner	인덕션(조리 시 열이 발생하지 않아 베이킹 키친에서 선호)
Deep fat fryer	튀김기계
Grill	그릴
Broiler	브로일러

그릴과 브로일러는 조리 시 격자 모양의 자국을 만들어낸다. 그릴의 경우는 직화 위에 설치된 석쇠에 의해 격자 모양을 내며, 화력이 위에서 아래로 내려오는 브로일러는 손잡이가 있는 석쇠 안에 내용물을 넣어서 석쇠를 달궈 격자 모양을 내준다.

Salamander	살라멘더
Griddle	그리들(플렌차, 스페인어로는 Plancha, 두꺼운 철판으로 만들어졌으며 육류, 가금류, 야채, 생선을 볶을 때 사용)
Chinese stove	차이니즈 스토브(중식팬을 효율적으로 사용할 수 있도록 중심에 불이 집중되어 있음)
Food warmer	음식이 서비스되기 전에 식지 않도록 보관하는 워머기
Deck oven(Conventional oven)	아래와 윗 불을 조절할 수 있는 오븐 (가장 많이 사용)
Convection oven	컨벡션 오븐(굽는 동안 오븐 안에서 바람을 일으켜

전체적으로 색이 고르게 나고 빠르게 구워지는 오븐)

Combi oven(steamer + convection) 콤비 오븐(컨벡션 오븐에 스팀기능 추가된 것)

Rotary oven   로터리 오븐(로터리 오븐은 대단위 품목을 한 번에 조리할 수 있도록 랙(Rack)에 담아서 넣어서 조리)

Pizza oven   피자 오븐

Microwave oven   전자레인지

Rice cooker   밥솥

Pressure cooker   압력 밥솥

Steam jacketed kettle   압력 스탁 솥

Tilting kettle   기울어지는 솥 [틸팅 팬]

Tilting pan(Tilting Skillet)   기울어지는 넓은 사각 팬

Smoker   훈제기

● 음식을 식히고 보관할 때(refrigeration equipment)

Walk-in   사람 출입이 가능한 냉장(동)고 [워어크인]

Reach-in   손을 뻗으면 닿을 정도 크기의 냉장(동)고 [뤼이치인]

Refrigerated drawers/undercounter reach-ins

(Working table) 아래 설치된 냉장(동)고

Blast freeezer   급속냉동고 [블라스트 프리이저r]

Cooler   냉각기(스탁이나 소스를 식힐 수 있도록 찬물을 순환시키도록 고안된 기구)

Ice machine   제빙기

- 기타(others)

Dish washer	접시 전용 세척기
Vacuum packer	진공포장기
Rolling rack	아랫부분에 바퀴가 달린 선반
Utility cart	다용도 운반차

- 조찬 관련 도구

Waffle maker	와플용 기계
Toaster	토스터(식빵을 굽는 기계)
Coffee machine	커피머신
Juice dispenser	주스기
panini grill	파니니 그릴 기계

2. 베이킹 관련 장비와 도구

1) 제과에서 주로 쓰는 도구

Palette knife	제과용 스페츌러(주로 케이크의 아이싱을 할 때 사용) [팰렛 나이프]
Silicon baking mat(Silpat)	실리콘 매트(팬에 음식이 붙지 않도록 하는 역할) [실팻]
Cooling rack	식힘망 [쿠울링 랙]
Oven mitt	제과용 오븐장갑
Rolling pin	밀대
Cookie cutter	쿠키 커터

Pastry cutter	페스추리용 커터
Pastry wheel	바퀴모양의 롤러형 커터(피자 자를 때 사용하는 도구)
Pie weight	파이 눌림용 도구(파이반죽을 구울 때 부풀어 오르는 것을 방지하기 위해 무거운 것을 파이 위에 올려서 구울 때 사용되는 알갱이 모양의 세라믹 돌)
Pastry brush	제과용 붓
Sifter	고운망(슈가파우더 밀가루를 곱게 내리도록 만든 체)
Cake decorating stand	케이크 데코용 스탠드(회전판)
Icing spatula	케이크 아이스용 스페츌러
Pastry bag or piping bag	짤주머니
Pastry tip	짤주머니용 깍지
Timer	타이머
Scraper	스크래퍼(반죽을 자르거나 섞을때 사용)
Mixing ball	반죽용 볼
Hook	갈고리모양 반죽용 도구(반죽용 재료를 덩어리로 뭉치게 만들 때 주로 사용)
Beater/paddle	평편한 모양의 도구(버터, 쇼트닝, 마가린 등 유지를 잘게 부수어 크림을 만드는 역할)
Whipper	거품기(생크림, 계란흰자 등의 거품을 만드는 데 사용)
Ice cream machine	아이스크림용 기계

2) 제과에서 주로 쓰는 장비

Beater
(비터)

Hook
(후크)

Whisk
(거품기)

Stand mixer
(반죽기)

Stand mixer	일반적인 제빵용 반죽기(whisk, hook, beater)
Proofer	발효기 [프루우훠얼]
Dough conditioner	자동 발효기[냉동된 반죽(dough)을 해동, 발효의 공정을 자동으로 함)
Pie roller	파이용 반죽기(파이나 페스추리 반죽을 얇게 펼 때 사용하는 롤러형 기구)

3. 도구·기물을 이용해 문장 만들기

1) using + 도구(B)

~ B를 사용하여 ~하다

Slice the garlic/ using the tip of your knife	마늘을 칼끝을 이용해 슬라이스하다
Slice the onion/ using a mandoline	만돌린을 이용해 양파를 슬라이스하다

2) 전치사(with) + 도구(B)

~ B를 도구로 써서 ~하다

Slice the onion/ with a knife   칼로 양파를 슬라이스하다

Cover the pot/ with a lid   뚜껑으로 냄비를 덮다

Cut out cookie dough/ with a cookie cutter

                                     쿠키커터로 쿠키를 모양내 자르다

3) in/into + 도구(B)

~ B 안에 ~넣다/하다

Put some garlic/ in the pan   팬에 약간의 마늘을 넣다

Cook rice/ in the pot   쌀을 냄비에 넣고 조리한다

Mix all the ingredients/ in a mixing bowl

                                     모든 재료를 믹싱볼에 넣고 섞는다

4) to + 도구(B)

B에다가 ~추가하다

Add some salt to the pan   소금을 팬에 넣다

5) on + 도구(B)

~ B 위에 ~을 깔다

Line sliced apple on a sheet pan   시트 팬에 얇게 썬 사과를 나란히 깔아 놓다

Serve food on a plate   음식을 접시에 담아낸다(담아서 서비스한다)

실전연습

다음 질문에 답해 보시오.

1. 영어로 숫돌은 무엇이라고 부르는지 적어 보시오.

_____

2. 다음은 칼의 각 부위에 해당하는 명칭이다. 각 부위에 해당하는 단어를 적어 보시오.

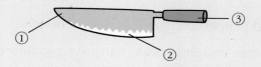

3. 다음 그림의 부속품 이름을 적어 보시오.

(   )

(   )

(   )

8 주방장비와 도구의 명칭   **195**

4. 다음을 영작해 보시오.

No. 문장	영작
1 만돌린을 이용해 양파를 슬라이스하다.	
2 쿠키커터로 쿠키를 모양대로 자르다.	
3 모든 재료를 믹싱볼에 넣고 섞는다.	
4 소금과 후추를 팬에 넣는다.	
5 음식을 접시에 담아낸다.	

5. 다음 밑줄 그은 단어의 뜻을 쓰시오.

- Pound 1) each portion of veal between sheets of parchment paper 2) or plastic wrap 3) to a thickness of 1/4in/6mm. Blot dry and season with salt and pepper. Dredge 4) in flour, if desired.

- Heat the butter in a large saut pan over medium-high heat until almost smoking. Saut pan the veal to the desired doneness, about 2 minutes per side for medium(165°F/71℃). Remove the veal from the pan and keep warm while completing the sauce.

- Degrease 5) the pan. Add the shallots and saut until translucent, about 1 minute.

- Deglaze 6) the pan with the wine; reduce 7) until almost dry, about 3 minutes. Add the Marsala 8) sauce and simmer 9) briefly.

- Return the veal to the sauce to reheat. Return the sauce to a simmer and adjust seasoning with salt and pepper as needed. Swirl 10) in the butter to finish the sauce, if desired.

COOKING
ENGLISH

9장

▼
▼
▼

움직임의 시간적 조건과
공간의 방향성

COOKING ENGLISH

9
움직임의 시간적 조건과 공간의 방향성

소개

이번 장에서는 조리법 문장이 어떤 식으로 연결되는지 알아본다.

학습 목표

1. 접속사의 연결되는 문장의 구조를 이해한다.
2. 끊어 읽기를 통해 문장의 연결 구조를 이해한다.
3. 전치사의 종류와 쓰임새를 학습한다.

본문 내용

1. 문장을 연결하는 말
2. 요리에 자주 쓰이는 전치사

1. 동작에 조건을 달 때 흔히 쓰이는 구문

● **동사 + until + 형용사(A): A할 때까지 ~하라**

Cook until done   익을 때까지 끓여라

● **동사 + once + 형용사(A): 일단 A하게 되면 ~하라**

Turn off the heat /once cooked   익으면 불을 꺼라

● **동사 + if + 형용사(A): 만약 A하다면 ~하라**

Season with salt and pepper if necessary   필요하다면 소금, 후추 간을
하라

● **if (만약 ~ 한다면)**

원래는 if절 안에 주어와 동사가 같이 있지만 수동태 형태로 구성되어 있어
주어 동사를 빼고 그냥 완료 형태의 동사 또는 형용사와 자주 쓰인다.

If (it is) desired(wanted)/, add more salt   원하면 소금을 좀 더 넣으시오

● **otherwise (그렇지 않으면)**

When you make Korean dried anchovy stock,/ make sure that you
simmer the stock/ for less than 10 minutes,/ otherwise,/ the taste will
become bitter

멸치 육수를 낼 때 적어도 10분간 우려내지 않으면 쓴맛이 난다

2. 구체적으로 시간을 한정하고 싶을 때

1) 시간에 조건을 줄 때 쓰는 말

* when(~ 할 때)

when it's completely cooled down 완전히 식은 다음에

* as(~일 때)

as the water came to a boil/ I added some salt/ in the pot

물이 끓었을 때, 나는 냄비에 소금을 넣었다

* until(~ 할 때까지)

① until + 형용사

② until + 주어 + 동사 + 형용사

QUIZ? 다음을 해석하시오.

* Saut until mushrooms are tender/ and brown/ but some liquid remains.

-----

* until the thigh juices run clear, /about 30 minutes more(Roasted chicken).

-----

* Cook until the fish is opaque, /about 4 minutes more.

-----

* Cook until the first sides are browned, /turn the steak/ and brown the other sides.

-----

2) 시간의 우선순위를 정해주고 싶을 때

- **before(〜하기 전에)**

before it gets too cold   너무 차가워지기 전에

When the risotto thickens/ before it's cooked,/ add more hot stock /
and continue simmering   리조또 쌀이 다 익기도 전에 리조또의 농도
가 나면 뜨거운 육수를 좀 더 붓고 계속 저
어준다

before it has dark color   타기 전에

- **after(〜한 후에)**

after adding eggs   달걀을 넣은 후에

- **once(일단 〜하고 나면)**

once it's cooked   일단 다 익으면

once it thickens too much/ before it's cooked

다 익기 전에 농도가 너무 나면

once it thickens,/ remove the pan/ from the heat

일단 농도가 나기 시작하면, 팬을 불에서 내린다

once it thickens,/ turn the heat off

일단 농도가 나기 시작하면, 불을 끈다

once you've got the hang of it ~(=once you got the knack of it ~)

일단 요령을 알고 나면

- **while 〜(〜가 되고 있는 동안, 그 사이에)**

While the stew is cooking/ in the oven,/ chop some garlic

스튜가 오븐에서 익는 사이에 마늘 좀 다져라

While they cut vegetables,/ I did some prep

그들이 채소를 자르는 동안 나는 밑준비를 했다

'~하는 동안'을 나타내는 다른 표현들은 다음과 같다

For the entire time that you're ~ing

For the entire time/ that you're cooking the stew/ in the oven

네가 오븐에서 스튜를 익히는 동안

- in the meantime(기다리는 동안)

In the meantime,/ you can prepare the sauce

기다리는 동안, 너는 소스를 만들면 돼

- meanwhile(그동안)

Meanwhile,/ reheat the sauce 그동안 소스를 다시 데우다

- while you are at it ～(～ 하는 김에)

Could you buy me a carton of milk/ from the grocery store/ while you are at it? 너 마트 가는 김에 우유 한 팩 사다줄 수 있니?

- at the same time(～와 동시에)

As soon as chef give us the sign/ with raise his right hand up, we have to start to fire/ at the same time

셰프가 오른손을 들어 사인을 주면 우리는 바로 요리를 시작해야 해

3. 동작의 원인, 이유를 나타낼 때

because/cause/as (~이기 때문에)

because it gets easily tough 금세 질겨지기 때문에

as it easily gets tough/ when it's cooked too much

너무 오래 조리하면 쉽게 질겨지니까

as는 레시피에서 접속사뿐만 아니라 여러 형태로 자주 등장한다.
as가 ~처럼의 의미로 쓰일 때는 다음과 같이 주로 쓰인다.

- **as indicated**

as indicated/ in the given recipe   레시피에 써 있는 대로

- **as directed**

as directed/ in the given recipe   레시피에 적힌 대로

- **as shown**

as shown/ on page 47   47페이지에서 보여준 대로

- **as instructed**

as instructed/ in our recipe   레시피에서 알려 준 대로

- **as I told you**

as I told you before   내가 말해준 대로

- as you learned

as you learned/ in our previous class   지난번 수업시간에 배운 대로

Do as I say,/ not as I do   내가 말한 대로 해

- so that(~ 할 수 있게)

Reduce a little more/ so that it has a little consistency

약간 농도가 날 수 있게 좀 더 졸여라

4. 도구나 재료 등의 위치나 방향을 나타낼 때

앞서 메뉴의 이름을 만드는 공식 첫 번째에서 메인 아이템 뒤에 전치사가 등장하는 예를 보았다. 요리에서도 다양한 형태의 전치사가 사용되는데 이미지를 통해 알아보도록 하자.

Plate a slice of cake/ **on** a plate

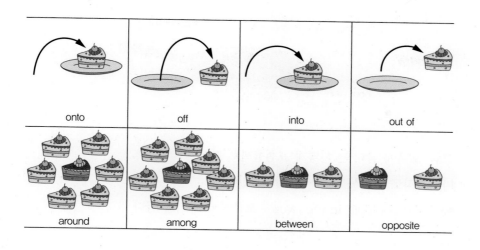

onto	off	into	out of
around	among	between	opposite

1) on

on은 '~위에'란 의미인데 요리에서는 '~에 올리다'의 뜻으로 많이 쓰인다.

Put them on a plate
(접시에 올리다)

on the grill   그릴에

on the table   테이블 위에

on the stove   스토브에

2) in

장소나 공간 안에라는 의미를 갖고 있다.

'팬에 기름을 붓다'에서 팬 안쪽에 기름을 붓기 때문에 '~에' 해당하는 전치사는 in을 사용한다.

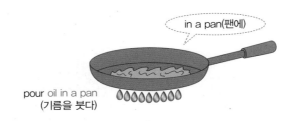

in a pan(팬에)

pour oil in a pan
(기름을 붓다)

그럼 '오븐에 굽다'는 어떻게 표현될까?

마찬가지로 전치사 in을 사용할 수 있다.

예: bake cookies/ **in** the oven   오븐에서 쿠키를 굽다

따라서 in 뒤에 나오는 명사는 공간의 개념이 있다. 다음의 예문을 보면 좀
더 확실히 이해할 수 있다.

- in + 기물

<u>in</u> a pan	팬에
<u>in</u> a pot	냄비에
in a skillet	주물팬에
in a non stick pan	코팅팬에
put it **in** a pot	냄비에 넣다
in the fryer	튀김기 안에 넣다
in the sink	싱크 대 안에 넣다

• Put the fork in the kitchen drawer
(포크를 서랍에 넣다)

• Put eggs in the refrigerator
(달걀을 냉장고에 넣다)

3) to

전치사 to는 방향성을 가지고 있어서 '~에 추가하다, 더하다'의 뜻으로 사용
한다.

add salt **to** water	소금을 물에 넣다
move it **to** refrigerator	냉장고로 가져가다
add spinach **to** the pot	냄비에 시금치를 넣다

4) from

'~로 부터'라는 의미로 기준점이라는 뜻을 가지고 있다.

B로부터/에서 A를 꺼내다.

remove pan/ **from** the heat. 불에서 팬을 빼다

5) with

with는 다양한 뜻으로 사용되는데 크게 3가지로 나뉜다.

- ~덮다, 붙어 있다

| cover pot **with** a lid | 냄비에 뚜껑을 덮다 |
| **with** (the skin/tail meat) intact | ~한 채로 |

<u>with</u> the skin on   껍질은 그대로 둔 채로

without(~없이)

without a lid(=uncovered) '뚜껑을 덮지 않고'라는 뜻이므로 '뚜껑을 열고'
라고 해석하면 된다.

● ～와 함께

Mix <u>with</u> a few drops of sesame oil. 참기름 몇 방울을 넣어 섞는다.

cream + sugar ⇨ coffee
(크림)   (설탕)   (커피)

I drink my coffee/ <u>with</u> sugar and cream
나는 커피에 설탕과 크림을 넣어 마신다

● ～곁들여

grilled chicken <u>with</u> honey mustard sauce

vs.

with a lid
(뚜껑이 있는)　　　　　　without a lid
　　　　　　　　　　　　(뚜껑이 없는)

blanch spinach/ without a lid 시금치를 뚜껑을 열고 데치다

6) for + ___B(시간)___

for 뒤에 시간을 나타내는 말이 오면 'B의 시간만큼 ~하다'의 의미가 된다.

bake **for** 10 minutes	10분간 굽다
cook **for** 1 hour	1시간 동안 익힌다
for **about** three hours	약 세 시간가량
for how many minutes?	몇 분 동안?
for at least two hours	적어도 두 시간 동안

7) at + ▢ B

B의 온도로 요리하다.

요리에서는 at 뒤에 온도가 자주 등장하는데 at은 '콕 찍어 바로 그 온도에서 요리하다'라는 의미로 사용한다.

bake cookies **at** 170℃	쿠키를 170℃로 굽다
cook rice **at** a low heat	쌀을 낮은 불에서 익히다
deep fry potatoes **at** 180℃	180℃에서 감자를 튀기다

8) out

out '~에서 밖으로'의 의미인데 예문을 통해 감을 익히도록 한다.

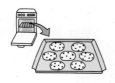

take **out** from the oven	오븐에서 꺼내다
throw it **out**	버리다
cut it **out**	자르다
trash **out**	쓰레기를 내다 버리다

예문	take-out	out의 의미에는 '안에서 있지 않고 밖으로 나가있다'는 의미를 가지고 있다. 예를 들어 커피를 사서 매장에서 먹지 않고 가지고 나갈 때에는 **take-out**이라는 단어가 사용된다.
	sold-out	물건이 다 팔려 품절이란 단어를 영어로 어떻게 표현할까? 매장 안에 있던 빵이 다 팔려 밖으로 나갔기 때문에 '**sold out**'이라고 쓴다. 예: They sold out bread. 빵이 다 팔렸어요.
	bring-out	**bring out**은 밖으로 가지고 나온다는 뜻이며 조리를 통해 재료가 가지는 본래의 맛을 끌어낸다고 할 때 bring out the flavor라는 표현을 흔히 쓴다.

9) off

off는 분리되어 떨어져 나가는 것을 말한다. 예를 들어 '뿌리 쪽을 잘라내다'라는 표현을 말할 때 off라는 전치사를 사용한다.

cut **off**/take **off**   ~을 자르다
cut **off** the root end 뿌리 쪽을 잘라내다
wipe **off** a table   테이블을 닦다
'테이블을 닦다'에서 off를 쓰는 이유는 테이블 위에 있는 먼지나 음식물을 닦아내기 때문이다.

10) down

'아래로'라는 방향을 나타내는 전치사이다.

press **down**	아래로 누르다
put it **down**	아래로 내려놓다
put a bag **down**	가방을 내려놓다

down
(아래로)

11) over

'바로 위에, 라는 뜻을 가지고 있다.

pour the dressing/ **over** the salad	샐러드 위에 드레싱을 끼얹다
heat the pan/ **over** low heat	약불에 팬을 올려 달구다
heat the pan/ **over** high heat	강불에서 팬을 달구다
low heat	약불
medium heat	중불
high heat	센불

low heat(약불)

12) under

'~아래에서'라는 뜻이다.

| under the broiler(salamander) | 브로일러 아래에서 |

13) up

'위로 올라가다'의 의미로 요리에서는 표면에 '떠오르다'라는 뜻으로 많이
해석된다.

● 위로 올라오다(come up)

all the impurities will come **up**/ to the surface
불순물이 표면 위로 떠오르다

- 위로 쌓다

pile herbs **up**/ on a cutting board(Pile up(쌓다)=stack)

허브를 도마 위에 쌓아 올리다

14) through

'공간을 관통하다'라는 의미인데, 요리에서는 '거름망에 거르다'로 쓰인다.

strain the sauce/ **through** a strainer

거름망(체)에다가 소스를 거르다

15) before

'~전에'라는 의미의 전치사이다.

before serving   서비스 전에

just before service   서비스 직전에

right before service,/ add scallion/ and drizzle some sesame oil/ on top

before ←   ●   → after

매장 오픈시간

16) after

시간순서상 '~하고나서'의 뜻을 가진다.

right **after** this	이것 끝나고 나서
what do I need to do **after** this, chef?	이거 끝나면 뭐해요?
after cooking rice	밥을 하고나서

17) into

into '~안쪽을 향해'라는 뜻으로 in과 to의 개념이 결합되어 있다.

strain the stock <u>into</u> a pot 　　　　육수를 걸러 솥에 붓는다

18) 기타

in front of~ 　　　　(위치) 바로 앞에

next to ~ 　　　　~의 옆에

실전연습

1. 그림을 보고 올바른 전치사를 넣으시오.

• cupcake (　　) a plate.　• take cupcakes (　　) from the oven.

• Heat the pan (　　) high heat.　• cut (　　) the top.

• put the fork (　　) the kitchen drawer.　• cover pot (　　) a lid.

• put eggs (　　) the refrigerator.　• remove pan (　　) the heat.

- blanch spinach (　　) a lid.

- bake (　　) 200℃.

- takes cookies (　　) from the oven.

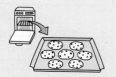

- strain the sauce (　　) a strainer.

2. 다음 문장의 뜻을 쓰시오.

No.	문장	해석
1	cook until done	
2	turn off the heat once cooked	
3	until soft	
4	cook until tender	
5	roast until the squash is tender	
6	until they are cooked through	
7	before it gets too cold	
8	after add eggs	
9	once it's cooked	
10	once it thickens, remove the pan from the heat	

11	while they cut vegetables, I did some prep
12	In the meantime, you can make dressing
13	could you buy me some milk from the grocery store while you ar at it?
14	as indicated in the given recipe
15	as I told you before
16	if available, add more chili paste

3. 다음의 단어를 이용하여 문장을 만드시오.

No.	문장
1	익을 때까지 끓여라(cook, done, until)
2	익으면 불을 꺼라(once cooked, the heat, turn off)
3	부드러워질 때까지(soft, until)
4	부드러워질 때까지 익혀라(tender, cook, until)
5	호박이 부드러워질 때까지 구워라(the squash, roast, tender, until, is)
6	완전히 익을 때까지(through, cooked, they are, until)
7	너무 차가워지기 전에(before, gets, cold, it, too)

8	달걀을 넣고 나서(add, after, eggs)

9	익으면(it's, once, cooked)

10	농도가 나기 시작하면 불에서 팬을 내려라 (remove, once, the pan, it thickens, from the heat)

11	그들이 채소를 자르는 동안 나는 밑준비를 하였다 (cut, while, they, some prep, vegetables, I did)

12	기다리는 동안 너는 드레싱을 만들 수 있다 (can, in the meantime, make, you, dressing)

4. 다음을 해석하시오

No.	문장	해석
1	Basting/ with the lightly browned butter/ until the steaks are done.	
2	Heat/ until the butter slides easily/ across the pan.	
3	Until they are crisp,/ nicely browned,/ and slightly firm, about 10 minutes more	
4	until they are nicely browned/ on all sides	
5	until the pan is/ almost dry	

6	until the onions are very soft/ but not brown(Sweat or Saute)
7	until mixture thickens/ and coats/ the back of a spoon.

5. 다음 빈칸에 맞는 전치사를 적어 넣으시오.

6. 다음을 해석하시오.

No. 문장	해석
1 If required/, cool it down a little bit	
2 If available/, use rice noodle	
3 If preferred/, add more chili paste	
4 If indicated/, you can use microwave oven	
5 If necessary/, add more water	

7. 다음을 해석하시오.

No. 문장	해석
1 until soft	
2 until almost done	
3 cook until tender	
4 until browned	
5 simmer/ until just cooked	
6 stir occasionally/ until browned	
7 until they are smooth	
8 roast/ until the squash is/ tender	

9	saute/ until the onion begins/ to brown
10	until the fat begins/ to render
11	cook until the meat is/ fork-tender
12	until it reaches a syrupy consistency
13	until they are cooked through
14	until they are thoroughly combined
15	until the liquid is absorbed,/ about 5 minutes
16	until the Balsamic vinegar is/ reduced half

어느 조리 선배의 말 2: 조리에서 벗어나야 조리가 보인다

조리를 일찍 시작했다고 해서 칼을 드는 조리가 내 인생의 전부라고 생각하지는 마라.
조리는 내 삶을 풍요롭게 하기 위한 하나의 수단이자 과정일 뿐. 우리의 목표는 조리를
통해서 인생을 아름답고 가치 있게 사는 법을 배우는 것이다.

괴테는 이렇게 말했다. "독일어밖에 모르면 독일어도 모르는 것이라고"
조리에서 벗어나야 조리가 보인다. 조리밖에 모르면 조리도 모르는 것이다.
다른 나라 요리를 하려면 먼저 말을 배워라. 중식을 하고 싶으면 한어(중국어)를 먼저 배우
고 일식을 하고 싶으면 일본어를 먼저 배우고 양식을 하려거든 그 나라의 말을 먼저 배워라.

말은 세상으로 열린 문이다.
말은 문화이자 사고의 체계이며 약속된 사회적 관습이다.
눈을 크게 뜨고 세상을 쳐다보아라.
정상에 올라서서 지금 내가 서 있는 이 자리를 내려다 볼 수 있다면
삶은 네게 다른 의미가 된다.

작은 만족에 연연해하지 말고
큰 가슴으로 담대히 나아가라.
세상을 향해서. 미래를 향해서…
다가올 내일과 뒤에 따라오는 그 누군가를 위해서…

10장

▼ ▼ ▼

재료의 상태를
표현하는 말

COOKING ENGLISH

10
재료의 상태를 표현하는 말

소개

이번 장에서는 형용사의 사용법을 중심으로 살펴본다.

학습 목표

1. 음식 관련 다양한 형용사를 알아본다.
2. 레시피에 자주 등장하는 형용사 표현 위주로 학습한다.

본문 내용

1. 형용사의 기본 패턴
2. 자주 등장하는 표현

1. 형용사의 기본 패턴

1) It tastes

looks
smells   + 형용사(A): 맛, 색, 향, 느낌이 A하다
sounds

It tastes good/bad	맛있네/맛없네
This is hot	뜨거워

2) 형용사(A) + 명사: A한 ～(재료)

Hot pot	뜨거운 냄비
It is hot	뜨거워

3) 조건절

Cook until done	끝날 때까지 요리하라
Sear until brown	갈색이 날 때까지 그슬려라

4) 동사나 감탄문의 형태

It tastes good	맛있다
What a tasty dish!	맛있다!
It's mouth watering	입맛 고이는데

2. 자주 등장하는 표현

1) '맛'을 나타내는 표현

● '맛있다'는 표현

Good	좋다
Delicious	맛있다
Tasty	맛있다
So good	너무 맛있다
Delectable	아주 맛있는 [디렉터블]
Yummy	(유아 용어) 맛있다, 냠냠 [여미]
Scrumptious	굉장히 맛있는 [스크럼셔스]
Divine	끝내주는
Out of this world	굉장히 맛있는 [아우러브 디스 월드]
Heavenly	(맛이) 기가 막히다
Mouth watering	입에 침이 고이는 [마우쓰 워러링]
Luscious	달콤하고 감미로운 [러셔스]
Palatable	감칠맛 나는 [팰레러블]
Succulent	즙이 풍부한 [썩큘런트]

It's delicious
It's tasty
It's yummy ⎤ 맛있다
Ummmm, this is so good ⎦

Everything tasted absolutely divine	모든 게 맛이 너무 좋다
This is out of this world!	맛이 끝내 준다
It tasted heavenly	맛이 기가 막히다

Delectable smell of freshly baked bread   갓 구운 맛있는 빵 냄새

- **'맛없다'는 표현**

Awful	최악인 [어푸울]
It's awful!	맛이 정말 별로야
Not good	
That's not good	별로야
Not tasty	
It's not tasty	별로야
Dull	
Dull flavor	아무 맛도 없는
Bland	심심한(나쁜 뜻은 아니고 맛이 별로 가미가 안 됐다는 의미이다)
It tastes bland	심심해
Insipid	
Insipid wine	(맥주 등) 김빠진

- **맛을 표현하는 기본 단어(flavors)**

Sweet	달달한	Salty	짠
Sour	신	Bitter	쓴
Tannic	떫은	Spicy/hot	매운

- **기타 맛에 관한 표현**

Sharp	(신맛이) 날카로운
Tangy	(신맛 때문에) 짜릿한, 톡 쏘는 [탱이]
Clean	(맛이) 깔끔한

Refreshing   (느낌이) 상큼한

Lingering   혀에 여운이 남는 [링거링]

    It has a lingering taste   여운이 남는 맛이야

기름기가 많음 음식을 표현할 때는 다음과 같다.

Greasy   기름진(주로 먹을 수 없거나 먹어서 안 좋은 기름이라는 어감)

Oily   기름진(oily fish: 기름기가 많은 생선)

fattish   기름진(fatty fish: 기름기 많은 생선)

Lean   살코기의(lean meat: 살코기)

Soggy   기름져 눅눅한(튀김) [써기]

● **맛의 조화를 나타내는 표현**

Complementary   (맛) 보완적인

Contradictory   (맛) 서로 튀는

Escalating   서로 상승하는

● **~와 같은 맛(~ like taste)**

Leek has a onion like taste   리크(Leek)는 양파 같은 맛이다

It tastes like an onion   양파 맛이 난다

2) 두께, 크기, 길이, 깊이 등을 나타내는 표현(sizes and shapes)

사이즈를 나타내는 표현으로 small, medium, large가 있다.

● **수량 + 단위 + 형용사**

7 inches wide   폭이 7인치가 되게 [세븐 인치스 와이드]

5 inches long   5인치 길이로 [화이브 인치스 로옹]

Two rib eye steaks,/ each about 2 inches thick 두께 2인치의 립아이 스테이크 2개

when they are/ about the size of a finger 손가락 하나 크기만 해지면

about the size of a doughnut 도넛 크기만 하게

● (팬 모양을 묘사할 때) 깊은, 얕은

Tall	(높이가) 높은
Tall pot	(육수를 끓일 때 쓰는) 키 큰 냄비
Shallow	(높이가) 낮은
Wide	넓은
Heavy bottom	바닥이 두터운

Serve the pork/ in a shallow bowl/ moistened/ with a bit of the braising liquid   얕은 그릇에 약간의 국물을 담아서 낸다

3) 색을 나타내는 표현(colors)

Golden Brown	노릇노릇한 갈색
Opaque	불투명한 [오페이크]
Transparent	투명한 [트랜스페어런트]
Translucent	반투명한 [트랜스루슨트]
Clear	또렷한 [클리어]
Bright	(색이) 선명한, 환한, 밝은

Bake cookies/ until golden browned color
쿠키를 노릇노릇한 색이 날 때까지 구워라

Until the thigh juices run clear,/ cook about 30 minutes more
닭에서 나오는 육수가 맑은색이 될 때까지 약 30분 정도 익혀라

4) '온도'를 나타내는 표현(temperature)

Hot   뜨거운

Very hot   매우 뜨거운

Extremely hot   엄청나게 뜨거운 [익스트림리]

Pan smoking hot   팬에서 기름이 타서 연기가 날 정도로 뜨거운

Sizzling hot   (겉에 갈색으로 구워질 만큼 뜨거운) 지글지글 소리

                               날 정도로 뜨거운 [씨즈을링 핫]

Boiling hot   물이 끓을 만큼 뜨거운

Moderately hot   어느 정도(중간 정도) 뜨거운

Warm   따뜻한

Lukewarm   미지근한 [루크워r엄]

Room temperature   실온, 상온

Cool   서늘한

Cold   서늘한

Chill   쌀쌀한

Freezing   어는

    at a low temperature   낮은 온도에서

    at a high temperature   높은 온도에서

    Heat the oil up to 180℃   기름을 180℃로 올리다

    at _____ ℃   ~몇 ℃에서

    at _____ ℉   ~몇 ℉에서

5) '굽기'의 정도를 나타내는 표현

Very rare   날 것

Rare   살짝 익힌

Medium rare   겉면만 익힌

Medium   고기 가운데 붉은 빛이 도는

Medium well-done   핏빛이 살짝 보일 듯한

Well-done   바짝 익힌

6) '재료의 농도'를 나타내는 표현

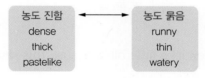

Watery   물 같은 농도

Runny   줄줄 흐르는, 묽은

Thin   (농도가) 묽다, 묽게 하다

Thick   (농도가) 되다

Until it is quite thick 되게 될 때까지

Dense   (농도가) 짙다, 빡빡하다

Paste like   페이스트 같은

Dry	마른
Au sec	수분이 다 재료에 흡수된 [오섹]
Moist	촉촉한
Wet	젖은, 축축한
Damp	수건 따위가 젖은

● 기타 표현

Puree	(명사) 퓨레
Nappe	소스가 흘러내리지 않을 정도의 [나페]
Submerged	국물 따위에 잠긴 [써브머얼지드]
Floating	물위에 둥둥 뜬

We need to thicken it/ a little bit/ because this sauce is/ too runny.
소스가 너무 묽어서 좀 더 되게 해야 한다

Gochujang paste like texture 고추장 같은 텍스처

When it becomes/ almost like puree consistency
퓨레간은 생태가 될 때

Reduce the sauce/ until nappe
소스가 나페 상태가 될 때까지 졸여라

You don't wanna make it too runny 너무 묽게 만들지 마라

Until dry 마를 때까지

When pasta floating on top 파스타 면이 표면에 떠오르면

7) '질감(texture)'을 나타내는 표현

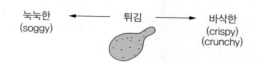

눅눅한 (soggy)	← 튀김 →	바삭한 (crispy) (crunchy)

Crispy 바삭한 [크리스피]

Crunchy 바삭바삭한, 아삭아삭한 [크런치]

Soggy 눅눅한

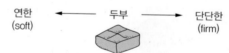

부드러운 (soft)	← 쿠키 →	딱딱한 (hard)

Hard 딱딱한

Soft 부드러운

Firm 딱딱한

연한 (soft)	← 두부 →	단단한 (firm)

Smooth 부드러운, (소스가) 매끄러운

Silky (감촉이) 매끄러운

Limp 흐느적흐느적, 흐물흐물한

Coarse 거친

Grainny 알갱이가 씹히는

Tender	(고기가) 부드러운
Tough	(고기가) 질긴

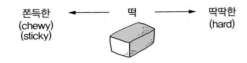

Chewy	씹히는 감이 있는, 쫄깃쫄깃한 [츄이]
Gooey	달라붙는 느낌(찹쌀떡)이 있는, 쫀득쫀득한 [구우이]
Sticky	끈적끈적한 [스티끼]
Al dante	입에 씹는 맛이 있는(파스타에서 안에 심이 보일 정도로) [알덴테]
Fork tender	포크로 눌러 으깨질 정도로 잘 익은

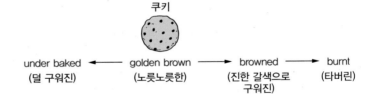

Pink	핏빛이 나는(rare, not done)
Burnt	타버린 [버얼ㄴ트]
Charred	그을린 [차알드]
Browned/brown	많이 구워져 진하게 색이난

Cook the fillets/ until the skins crispy,/ about 3 minutes

필레스킨이 바삭할 정도로 3분간 구워라

It will easily get soggy　　　금방 눅눅해진다

Soft inside/Firm outside　　　안은 부드럽고 겉은 딱딱한

(부침개용 두부는 'Firm tofu'라고 표현하고 연두부는 'soft tofu'로 표기한다)

When seared,/ the outside of the meat becomes/ firm to the touch

고기 겉면을 눌러 봤을 때 단단할 정도로만 익혀라

Cook/ until the leeks are limp　　　리크가 흐물흐물해 질 때까지 익혀라

until the meat is/ fork-tender

고기를 포크로 찔러 봤을 때 부드러워 질 때까지

It's still pink　　　(고기가 아직 덜 익어서) 핏물이 나와요

It's burnt　　　다 탔어요

It's golden brown　　　노릇하게 색이 잘 났네요

8) 기타 표현

- **접시의 상태를 나타내는 표현**

Chipped　　　이가 빠진　　　

Cracked　　　금이 간　　　

Broken　　　깨진　　　

That plate is chipped　　　접시가 이가 빠졌다

That plate is cracked   접시가 금이 갔다

That's broken   접시가 깨졌다

- **'쉬운/어려운'을 나타내는 표현**

쉬운		어려운	
쉬운	easy	difficult	어려운
쉬운 편	easier	more difficult	어려운 편
누워서 떡 먹기	the easiest	the most difficult	정말 난이도 높은

In that way, you can make it much(a lot) easier

그런 식으로 하면 훨씬 쉽게 만들 수 있어요

Easier said than done   말이야 쉽지

It's not as easy as it looks   보는 것처럼 쉽지 않아

It's not as easy as it sounds   말처럼 쉽지는 않아

- **~든지 ~든지(~ or ~) 형태의 표현**

Chop the herbs, coarsely or finely, as you wish

허브를 곱게 다지든지 굵게 다지든지 간에 원하는 대로 다져라

Long or short   길든지 짧든지

Hot or cold   뜨겁든지 차갑든지

- **~ and ~ 형태의 표현**

Over and over   계속해서

Nice and nice   깔끔하게

- nice and ~ 형태의 표현

Nice and clean	아주 깨끗한
Nice and moist	수분이 촉촉한
Nice and brown	색이 아주 노릇노릇하게 잘 난
Nice and crispy	아주 바삭한

실전연습

1. 다음 형용사의 뜻과 맞는 것을 찾아 줄을 그으시오.

• tasty	a. 최악인
• awful	b. 심심한
• mouth watering	c. 아무 맛 없는
• dull	d. 맛있는
• bland	e. 톡쏘는
• tangy	f. 입에 침 고이는
• greasy	g. 살코기의
• soggy	h. 미지근한
• lean	I. 눅눅한
• golden brown	j. 느끼한
• lukewarm	k. 노릇노릇한
• runny	l. 바삭한
• crispy	m. 묽은
• chewy	n. 질긴
• tough	o. 쫄깃한
• burnt	p. 타버린

2. 다음 문장을 해석하시오.

No. 문장	해석
1 It will easily get soggy	
2 Bake until cookies are golden brown	
3 That plate is cracked	
4 Easier said than done	
5 It is not as easy as it looks	
6 They are not the same	
7 over and over	
8 Chop the herbs, coarsely or finely as you wish	
9 It's tasty	
10 It's mouth watering	
11 It tastes like an onion	
12 about the size of a doughnut	
13 at a low temperature	
14 5 inches long	
15 when pasta floats to the surface	

3. 다음 이미지에 맞는 단어를 넣으시오.

① (   )　② (   )　③ (   )

4. 다음에 알맞은 형용사를 넣으시오.

- 눅눅한 ← 튀김 → 바삭한
  (   )　　　　　(   )

- 부드러운 ← 쿠키 → 딱딱한
  (   )　　　　(   )

- 연한 ← 두부 → 단단한
  (   )　　　　(   )

- 부드러운 ← 고기 → 질긴
  (   )　　　　(   )

•

쫀득한   ← 떡 →   딱딱한
(   )   (   )

쿠키

덜 구워진 ← 노릇노릇한 → 진한 갈색으로 → 타버린
(   )   (   )   구워진   (   )
                            (   )

5. 다음을 영작해 보시오.

No.	문장	영작
1	이거 맛있네!	
2	이건 최악인걸	
3	바삭하네!	
4	다 탔어!	
5	너무 묽은 것 같은데…	

11장

▼▼
▼▼

움직임을 더 생생하게
해주는 말

COOKING ENGLISH

11
움직임을 더 생생하게 해주는 말

소개

이번 장에서는 문장을 부사의 사용법을 중심으로 살펴본다.

학습 목표

1. 음식 관련 다양한 부사를 알아본다.
2. 레시피에 자주 등장하는 부사 표현 위주로 학습한다.

본문 내용

1. 기본 패턴
2. 자주 등장하는 표현

1. 기본 패턴

아래 문장과 같이 부사는 좀 더 표현을 맛깔나게 하는 데 사용된다.

It is delicious   맛있네

It is **really** delicious   정말 맛있네

1) 부사를 사용하는 기본 패턴

- **전치사 결합성**

as + 부사(A) + as + possible: 가능한 한 A하게

As thinly as possible   가능한 얇게

- **형용사 수식형**

Extremely hot   너무 뜨거운

Freshly squeezed orange juice   갓 짠 오렌지주스

- **동사 수식형**

Cut it lengthwise   길이로 잘라라

Stirring constantly   계속 저으면서

2. 자주 등장하는 표현

1) 완성된 과정이나 결과를 나타내는 표현

Easily   쉽게

Beautifully   아름답게, 멋지게(요리가 아주 잘 된 모양)

Carefully	조심스럽게
It will burnt easily	쉽게 타버린다

예문 It can be done easily like this   이렇게 쉽게 할 수 있어

This steak is beautifully done!   이 스테이크 정말 잘 구워졌어!

2) 주로 맛과 관련되어 자주 쓰이는 표현

Naturally	자연스럽게
Mildly	(맛 따위) 부드러운, 순한
Subtly	(맛 따위) 미묘한 차이가 있는
Intensely	(맛 따위) 강렬하게
Extremely hot	극심하게, 매우(뜨거운)
When extremely hot	아주 뜨거울 때는

3) 정도를 나타내는 표현

Extremely thin	⎱ 진짜 가늘다
Super thin	
Very thin	아주 얇다
Too thin	⎱ 너무 얇다
So thin	
Enough thin	충분히 얇다
Not thin	얇지 않다
Not thin at all	하나도 얇지 않다

| 예문 | That was super thin | 진짜 가늘더라구 |

It's very thin — 아주 얇네

Too (thin) to ~ — 너무 얇아서 ~할 수 없다

So thin that they can/can't ~ — 너무 얇아서 ~할 수 있다/없다

It was thin enough to ~ — ~하기에 충분히 얇은

It wasn't thin enough — 안 얇은데

It wasn't thin at all — 하나도 얇지 않다

Who said it was thin? — 그거 누가 얇다고 그랬냐?

4) 정도의 심함을 나타내는 말

Way ~ — 약간 너무~한

A bit — 살짝/약간

A lot ~ — 훨씬

Much — 훨씬

Way too small — 너무 작은

Way too salty — 너무 짠

Way too much — 너무 많은

Way better — 너무 좋은

예문	That's a bit too much	약간 많다
	That's a lot better	훨씬 낫다
	That's much better	훨씬 낫다

5) 가능한 한(as 부사 or 형용사 as possible)

as **quickly** as possible	가능한 한 빨리
as **soon** ans possible	가능한 한 빠른 시간 내에
as **much** as possible	가능한 한 많이
as **many** as possible	가능한 한 많이
as **evenly** as possible	가능한 한 고르게
as **finely** as possible	가능한 한 곱게
as **roughly** as possible	가능한 한 거칠게
as **smooth** as possible	가능한 한 매끄럽게
as **silky** as possible	가능한 한 부드럽게
as **thick** as possible	가능한 한 두껍게
as **thin** as possible	가능한 한 얇게
as **bland** as possible	가능한 한 심심하게
as **clean** as possible	가능한 한 깨끗하게
not as **salty** as possible	가능한 한 안 짜게

예문 Cool the stock as quickly as possible   가능한 한 빨리 재고를 차게 하라

Cut them as finely as possible   가능한 한 곱게 잘라라

6) 써는 동작의 정교함과 관련된 표현

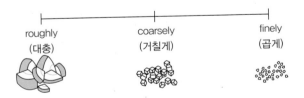

roughly	coarsely	finely
(대충)	(거칠게)	(곱게)

Finely	(입자) 곱게, (모양) 정교하게
Coarsely	(입자) 거칠게
Roughly	(질감) 거칠게, (모양 따위) 대충

7) 써는 재료의 두께와 방향에 관련된 표현

Thinly	얇게
Thickly	두껍게
Vertically	수직으로
Diagonally	대각선으로
Horizontally	수평적으로
Crosswise	폭으로, 단면으로
Lengthwise	길이로

예문 Cut the rolls/ in half horizontally

Cut it crosswise

Slice the carrot lengthwise/ into the desired thickness

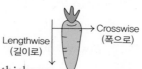

Lengthwise (길이로) → Crosswise (폭으로)

8) 놓는 방식을 나타낼 때

Seam side down	이음새 부분을 아래로
Breast side down	가슴살 부분을 아래로
Meat side up	고기 부분이 위로 올라오도록
Bone side up	뼈가 위를 향하게
Fat side down	지방은 아래로
Top side down	위가 아래로 가도록
Bottom side up	바닥 면을 위로

Presentation side up   접시에 놓을 면이 위로 가게

Round side down   둥근 면은 아래로

> | 예문 | Cook the skin side a little longer/ than the other
> 껍질 쪽을 다른 쪽보다 좀 더 오래 익혀라
> Lay the lamb out flat,/ cut-side-up,/ on a clean surface
> 잘린 면이 위로 가도록
> Place the duck breast,/ skin side down
> 껍질이 아래를 향하도록

9) ~쪽을 향하게(facing + direction)를 나타내는 표현

With the tail **facing away** from you   꼬리를 바깥쪽을 향하게

Flat side **facing in**   납작한 쪽이 안을 향하게

Flat side **facing out**   납작한 쪽이 밖을 향하게

> | 예문 | Always drop the batter/ into the fryer/ **facing away** from you/ so that hot oil doesn't splash
> 튀김기에 반죽을 넣을 때 너로부터 먼 쪽에 넣어야 뜨거운 기름이 튀지 않는다

10) 뒤집어진 경우를 나타내는 표현

Inside and out   안팎 모두

Outside in   바깥쪽이 안으로 가게

Upside down   위아래가 뒤집어진

Downside up   아래로 가야 할 것이 위로 간

Frontside back   앞뒤가 바뀐

Backside front   뒷면이 앞으로 오도록

Season the chicken liberally inside and out with salt
치킨 안팎 모두 소금으로 간을 하시오
Season them with salt on both sides
양쪽 면을 소금으로 간을 하시오

11) 휘젓는 동작과 관련되어 자주 쓰이는 표현(주로 whisk와 같이 사용)

Quietly	조용하게
Gently	(재료를 다룰 때) 조심스럽게, 살살
Carefully	조심스럽게
Vigorously	(휘젓는 동작 등) 열심히, 격렬하게 [비귀러러슬리]

12) 뚜껑을 덮는 동작과 관련되어 자주 쓰이는 표현(주로 cover와 같이 사용)

Tightly	(뚜껑 따위를 덮을 때) 꼭 끼도록
Firmly	꼭 (붙잡다)
Loosely	(뚜껑이나 이음매 따위) 느슨하게

예문 Cover the pan tightly, and turn off the heat
팬 뚜껑을 꽉 덮고 불을 끄시오

13) 온도나 양의 정확성을 나타내는 표현

Accurately	정확하게
Exactly	딱 맞게
Precisely	여지없이, 정확하게

Absolutely	절대적으로
Relatively	비교적
Moderately	꽤, 상당히
Rule of thumb	경험법칙, 경험에 의한 대충의 방법
By rule of thumb	어림잡아, 대충, 대략

That's exactly/ what I am saying	내 말이 그 말이라니까
Exactly the same	정말 똑같네
Cook over moderately high heat	상당히 센불에서 요리하라

14) 익히는 정도를 나타내는 표현

● '끝까지 익히다'는 표현

Thoroughly	(익힘 정도) 완전히, 끝까지
Evenly	(익는 정도 따위가) 고르게, 골고루
Uniformly	(크기 따위가) 고르게, 일정하게
Nicely	(모양 따위) 보기 좋게
Properly	적당히
Quickly	빨리
Sauté lightly	가볍게 볶다

When cooked properly   적당히 익으면
The stock will keep for 4 days/ in the refrigerator/ or it can be quickly frozen
육수는 냉장고에서 4일간 보관가능하고 또는 빠르게 냉동시킬 수 있다

All the way down	끝까지
Thoroughly	완전히

Completely	완전하게
Through	끝까지
Half way	절반만

 예문
Cook it all the way down   다 익을 때까지 요리해라
Cook thoroughly   완전히 익을 때까지 요리해라
Toss the pasta and spinach/ until heated through
열이 완전히 스며들 때까지 파스타와 시금치를 고루 섞다

- **'약간 익히다'는 표현**

Slightly	(시간적으로, 익힘 정도 따위) 약간, 살짝
Lightly	(색 익힘 정도 등이) 가볍게 살짝, 연하게
Just a little	약간만
Just a touch	살짝, 약간

예문
Add just a little more juice
주스를 조금만 더 넣어라
The tomatoes may be lightly broiled/ just until hot
토마토가 따뜻해질 정도로만 살짝 브로일하라
This stew needs just a touch of salt
이 찜 요리는 소금이 약간 더 들어가야 된다

- **'부분/전체를 익히다'는 표현**

| Partially | 부분적으로, 일부만 |
| Fully | 완전하게, 전부 |

예문
When partially cooked/frozen   절반만 익으면, 절반 정도 냉동되면
When fully cooked/frozen   완전히 익으면, 완전히 냉동되면

15) 물을 끓일 때 나타내는 표현

Freely   자유롭게, (움직임 따위가) 마구
Rapidly   (물 등이 끓을 때) 펄펄
Slowly   (시간적 또는 물리적으로) 천천히
Rolling   우르르/부글부글

 Rapidly boiling water   펄펄 끓는 물
When it bubbles slowly   거품이 느리게 올라오면
When rolling boil   부글부글 끓으면

16) 시간에 관한 표현

● **시간의 지체 정도를 나타내는 표현**

At once   바로, 즉시
Immediately   곧 바로
Freshly   (주스 따위) 바로 짠, 갓 ~한

● **시간의 간격을 나타내는 표현(주로 stir과 함께 사용)**

Occasionally   이따금씩
Periodically   주기적으로
Regularly   정기적으로
Frequently   종종
Constantly   항상, 일관되게, 일정하게
Gradually   점차적으로
Repeatedly   반복적으로

예문	Stirring occasionally	이따금 젓다
	Stirring periodically	주기적으로 젓다
	Stirring regularly	규칙적으로 젓다
	Stirring frequently	자주 젓다

● **예상보다 빨리**

Way too early	너무 이른
Not that early	그렇게 일찍은 아닌
A bit too early	약간 빠른

● **시간을 나타내는 다른 표현**

On time	제 시간에
A little late	약간 늦은
Pretty late	많이 늦은

예문	It is not that early though	그렇게 빠른 것도 아니야
	We're running late	우리 늦었어, 서둘러!

17) '거의'를 나타내는 표현

Almost	거의
Nearly	거의

예문	It's almost done	거의 다 됐어요
	We are almost there	거의 다 왔어요

● **거의 안 일어나는 일**

Barely	거의 ~하지 않는다

Rarely   거의 ~않는

Hardly   좀처럼 ~않는

18) 주로 같이 붙어서 쓰이는 표현

Back and forth   앞뒤로

Up and down   위아래로

Before and after   (시간적으로) 전후

On and off   켰다, 껐다

In and out   들락날락, 안팎으로

 move the tamis back and forth   채를 앞뒤로 움직인다
so that the flour easily go through   밀가루가 잘 내려가도록

19) 다 함께 또는 따로따로를 나타내는 표현(주로 serve와 같이 사용)

Separately   따로따로, 별도로

All together   다 함께

 Serve it on the side   따로 서비스한다

실전연습

1. 다음 문장을 영작해 보시오.

• 가능한 한 두껍게 썰어라.

_____

• 가능한 한 골고루 발라라.

_____

2. 다음을 문장을 해석해 보시오.

• Every ten minutes

_____

• Every 4 years

_____

• 3 days ago

_____

• 3 months later

_____

• You can get lamb chops all year around.

_____

• Keeping them as even as possible.

_____

• Cut them as thinly as possible.

_____

• Carefully remove as much of the outer membrane as you can
  without tearing the meat.

_____

• When serving, fill the small ladle with sauce, tip it toward you and
  work away from you.

_____

3. 다음 단어의 뜻을 적어 보시오.

No. 단어	뜻	No. 단어	뜻
1 finely		16 rolling	
2 coarsely		17 half way	
3 thinly		18 occasionally	
4 vertically		19 gradually	
5 diagonally		20 constantly	
6 crosswise		21 freshly	
7 lengthwise		22 on time	
8 seam side down		23 barely	
9 presentation side up		24 back and forth	
10 fat side down		25 as evenly as possible	
11 bone side up		26 extremely hot	
12 facing in		27 super thin	
13 upside down		28 way too small	
14 vigorously		29 tightly	
15 throughly		30 rule of thumb	

4. 다음 이미지에 맞는 부사를 적으시오.

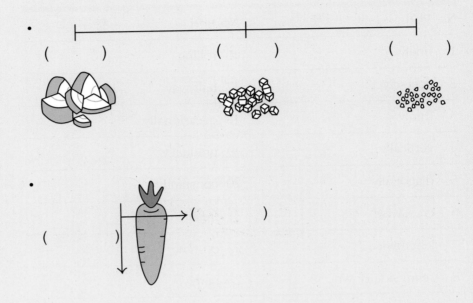

- (   )   (   )   (   )

- (   )   (   )

필수구문 200

1 1시간 반
1 1/2 hours, one and a half hours, an hour and a half

2 한 번에 두 컵씩
2 cups at a time

3 물 1컵 반
1/2 cup, half (a) cup of water

4 밀가루 1/3컵
1/3 cup of flour, one third cup of flour

5 삶은 파스타를 소스에 넣어라
add cooked pasta to the sauce

6 뼈가 잠길 정도로 충분히 물을 넣어라
add enough stock to cover the bones

7 팬에 코팅이 될 정도의 기름만 넣어라
add just enough oil to coat the pan

8 갓 짠 레몬주스를 약간 넣어라
add some freshly squeezed lemon juice

9 한 번에 조금씩
a little bit at a time

10 연한 갈색이 날 때까지 조리하시오
cook until golden brown

11 농도를 맞춰라
adjust the consistency

12 간을 맞춰라
adjust the seasoning

13 온도를 맞춰라
adjust the temperature

14 모든 것을 한꺼번에

all at the same time

15 오븐에서 구워라

bake it in the oven

16 고기에 소스를 끼얹어가며 조리하시오

baste the meat with sauce while cooking

17 믹싱볼에서 계란을 풀어라

beat the egg in a mixing bowl

18 너무 식기 전에

before it gets too cold

19 펄펄 끓는 물에 토마토를 데쳐라

blanch the tomatoes in boiling hot water

20 로보쿱(믹서)에서 ~을 갈아라

blend it in a robot coup

21 팔팔 끓여라

bring it to a boil/bring to a boil

22 고기의 모든 면이 갈색이 나게 지져라

brown the meat on all sides

23 쿠키에 달걀 물을 바르시오

brush the cookie with egg wash

24 시트팬에 버터를 바르시오

butter the sheet pan with oil

25 창고에 가서 와인 좀 갖다 줄래?

can you go get some wine from dry storage?

26 닭 육수의 색을 확인해라

check the color of the chicken stock

27 농도를 확인해라

check the consistency

28 다 익었는지 확인해라

check the doneness

29 간이 맞는지 확인해라

check the seasoning

30 온도가 맞는지 확인해라

check the temperature

31 다음 일을 하기 전에 모든 걸 깨끗이 치워라

clean everything before you go

32 모든 재료를 한데 섞어라

mix all the ingredients

33 25분 더 조리하라

cook another 25 minutes

34 2시간 반 동안 조리하라

cook for 2 1/2 hours

35 접시에 담을 때 음식 단면이 보이는 쪽을 먼저 조리하라

cook the presentation side first

36 포크로 눌러 부서질 정도로 푹 익혀라

cook until fork-tender

37 속에 완전히 열이 들어갈 때까지 조리하라

cook until heated through

38 고기가 뼈에서 잘 떨어질 때까지 조리하라

cook until the meat comes easily away from the bone

39 감자에서 전분이 나올 때까지 조리하라

cook until the potatoes begin to release starch

40 다루기 쉬울 정도로 식었을 때
when cool enough to handle

41 ~을 식히다
cool it down

42 뚜껑을 꼭 닫아라
cover tightly with a lid

43 달걀을 깨시오
crack the egg

44 마늘을 으깨라
crush the garlic clove

45 절반으로 자르시오
cut it in half

46 4등분 하시오
cut it into quarters

47 길이로 자르시오
cut it lengthwise

48 세로로 자르시오
cut it crosswise

49 비스듬히 자르시오, 사선으로 자르시오
cut it diagonally

50 당근을 비스듬히 자르시오
cut a carrot on the bias

51 뿌리 쪽을 자르시오
cut off the root end

52 양배추를 뿌리 쪽에서부터 자르시오
cut the cabbage from root end side

53 양파를 곱게 다져라

cut the onion into fine dices

54 대충 뭉뚝뭉뚝하게 썰어라

cut them into chunks

55 피망을 길이로 길게 썰어라

cut the pepper into strips

56 적포도주로 팬 바닥에 눌은 것을 긁어내라

degalze the pan with red wine

57 육수 위에 뜬 기름을 걷어내라

degrease the stock

58 양파를 다져라

dice the onion

59 달걀물에 담그시오

dip it into the eggwash

60 반죽을 네 덩어리로 나누시오

divide the dough into 4 pieces

61 밀가루를 묻히다

dredge the flour

62 굴에 밀가루를 입혀라

dredge the oyster in flour

63 발사믹와인 졸인 것을 맨 마지막에 뿌려라

drizzle some reduced balsamic at the last minute

64 (~을) 오븐에서 말린다

dry them in the oven

65 (~을) 페이퍼타월로 톡톡 두드려 물기를 닦아라

pat dry them with paper towel

66 겉에 필요 없이 너무 많이 묻은 밀가루는 털어내라
dust off any excess flour

67 달걀은 바닥에서 두 번째 선반, 왼쪽에 있다
eggs are on the 2nd shelf from the bottom, on your left

68 기름기 있는 쪽이 아래로/위로 가게
fat side down/up

69 살코기 쪽이 바깥쪽으로/살코기 쪽이 안쪽으로 가게
meat side facing out/in

70 냄비에 3 파인트의 찬 물의 채워라
fill the pot with 3 pints of cold water

71 냄비의 절반까지 깨끗한 물을 채워라
fill the pot with clean water up to 1/2 way full

72 냄비에 찬물을 채워라
fill the pot with cold water

73 딱 한 번만 뒤집어 주어라
filp it over only once

74 다진 생바질을 뿌리고 접시를 마무리하라
finish the dish with freshly chopped basil

75 겨자를 너무 팍팍 넣지 마라(조심스레 써라)
go easy on the mustard

76 닭고기는 한쪽 면을 각 3분 정도씩 구워라
grill chicken for about 3 minutes per side

77 기름을 달궈라
heat the oil

78 팬의 기름을 달궈라
heat the oil in the pan

79 약불에서 팬의 기름을 달궈라
heat the oil in the pan over low heat

80 중불에서/센불에서
over medium heat/ over high heat

81 소스를 따뜻한 곳에 보관하라
hold the sauce in a warm place

82 나는 김치를 만들 줄 안다
I know how to make Kimchi

83 그것이 될 동안, 소스를 준비하면 된다
in the meantime, you can prepare the sauce

84 불을 중불로 올려라
increase the heat to medium

85 이 정도 (고우)면 되나요?
is this fine enough?

86 그거 바로 네 앞에 있잖아
it's right in front of you

87 냉장고에 보관하시오
keep it in a refrigerator

88 냉장 보관할 것
keep refrigerated

89 주변을 깨끗하게 유지하라
keep your station nice and clean

90 식게 내버려 둬라
let it cool down

91 실온에서 이틀 동안 발효시켜라
let it ferment for 2 days at room temperature

92 모든 재료를 한데 다 섞어라
mix all the ingredients together

93 남은 모든 재료를 한데 섞어라
mix all the remaining ingredients togeter

94 일단 농도가 나기 시작하면 팬을 불에서 꺼내라
once it thickens, remove the pan from the heat

95 일단 다 익었으면, 빨리 식혀라
once it's cooked, cool it down quickly

96 일단 뚜껑을 땄으면 냉장 보관하라
once opened, keep it in the refrigerator

97 한 번에 하나씩
one at a time

98 한쪽 면에 5분씩 팬프라이하라
pan fry it for about 5 minutes per side

99 양파의 껍질을 벗기다
peel the onion

100 닭 가슴살쪽이 위로 가게 놓아라
place the chicken breast side up

101 양파 반개를 도마 위에 놓아라
place the onion half on a cutting board

102 자른 면이 아래로 가게
cut side down

103 기름종이를 깐 시트팬
parchment paper lined baking sheet pan

104 돼지고기 안심을 나무 망치로 얇게 두드려라
pound the pork tenderloin with wooden mallet

105 하수구에 쏟아버려라
pour it over into the drain

106 드레싱을 샐러드 위에 뿌려라
pour the dressing over salad

107 고기 위에 소스를 뿌려라
pour the sauce over the meat

108 오븐을 예열하다
preheat the oven

109 오븐을 200℃가 될 때까지 예열하라
preheat the oven up to 200℃

110 오븐 온도를 200℃에 맞춰라
set the oven temperature at 200℃

111 가능하다면 바로 갈은 후추를 써라
use freshly ground pepper if possible

112 (냄비 따위를) 다시 불에 올려라
put it back on the heat

113 완전히 식을 때까지 냉장고에 넣어라
put it in the refrigerator until chilled

114 바로 서비스할 때까지 냉장고에 넣어두어라
put it in the refrigerator until served

115 종잇장처럼 얇게 밀어 썬 팔마산 치즈를 올려라
put some shaved parmesan cheese on top

116 냉장고에 도로 갖다 놔라
put that back to the refrigerator

117 원래 있던 자리에 갖다 놔라
put that back where it was

118 냄비에 닭 뼈를 넣어라

put the chicken bones into the pot

119 팬을 스토브에 올려라

put the pan on the stove

120 손님에게 보이는 쪽이 위로 가게

presentation side up

121 접시에 올리다

put it on a plate

122 불을 낮추다

reduce the heat to low

123 소스를 절반으로 졸인다

reduce the sauce by half

124 냉장고에서 하룻밤 묵힌다

refrigerate it overnight

125 소스는 미리 만들어 놓아도 된다

you can make the sauce in advance

126 소스를 다시 데운다

reheat the sauce

127 찬물에서 마른 표고버섯을 불린다

rehydrate the dried shiitake mushroom in cold water

128 불에서 팬을 꺼내라

remove the pan from the heat

129 나중에 쓸 요량으로 약간 남겨두어라

reserve some for later use

130 로스트한 쇠고기를 식힘망 선반에 얹어 열을 식히시오

let the roasted beef rest on a rack

131 흐르는 찬물에서 시금치를 헹궈라

rinse spinach under cold running water

132 반죽을 밀어 늘리다

roll out the dough

133 다진 양파를 볶는다

saute diced onion

134 약간은 마늘 파스타를 위해 따로 떼어 놓아라

save some for garlic pasta

135 나중에 쓸 요량으로 약간은 남겨둬라

save some for later use

136 육수를 넣어 팬 바닥에 눌어 붙은 것을 긁어내시오

scrape the bottom of the pan with stock

137 이음매가 있는 부분이 위로 가게

seam side up

138 이음매가 있는 부분이 아래로 가게

seam side down

139 간을 약하게 하다

season it lightly

140 소금 후추로 간하다

season it with salt and pepper

141 입맛에 맞게 간하다

season to taste

142 원한다면 간하라

season, if desired

143 필요하다면 간하라

season, if necessary

144 계란을 분리하여 각각 다른 통에 담아라

separate the egg and put them in a container seperately

145 (시간 끌지 말고) 바로 서비스하라, 바로 음식을 내어라

serve immediately

146 따끈하게 서비스하라

serve it warm

147 차가운 메뉴는 차갑게, 뜨거운 메뉴는 뜨겁게

serve cold food cold, hot food hot

148 소스를 따로 주어라

serve the sauce on the side

149 소스와 함께 서비스하라

serve with sauce

150 서비스 전까지 따로 떼어 놓아라

set aside until ready to serve

151 얼음물에 토마토를 담가 식혀라

shock the tomatoes in iced water bath

152 약 한 시간 정도 뭉근히 끓여라

simmer for about an hour

153 뚜껑을 덮지 말고 뭉근히 끓여라

simmer it without cover

154 위에 뜨는 불순물을 건어내라

skim all the impurites on top

155 양파를 오른쪽에서 왼쪽으로 썰어라

slice the onion from right to left

156 가능하면 같은 크기로(고르게) 썰어라

slice them as evenly as possible

157 깨끗한 찬 물로 한 밤 불려라
soak it overnight with clean water

158 바로 다진 파슬리를 뿌려 서비스하라
sprinkle some fresh chopped parsley and serve

159 가끔씩 저어주어라
stir frequently

160 한 데 섞은 재료를 잘 저어주어라
stir the mixture well

161 소스를 이따금 저어주어라
stir the sauce once in a while

162 서늘하고 어두운 곳에서 보관하라
store in a cool, dark place

163 비닐봉투에 보관하라
store in a plastic bag

164 냉장고에서 최대 1주일까지 보관하다
store them in the refrigerator up to 1 week

165 필요하다면 소스를 걸러라
strain the sauce, if necessary

166 닭을 먹을 수 있는 미르뿌아(마티뇽)로 채워라
stuff the chicken with edible mirepoix

167 양파를 색이 나지 않게 볶는다
sweat the onion

168 배추의 겉장을 떼어내라
take out the outer leaves of Kimchi cabbage

169 냄비에서 뼈를 꺼내 버려라
take the bones out from the stock pot and discard

170 그건 한 시간 안에 끝나야 한다
that should be done in an hour

171 저절로 쉽게 떨어질 것이다
it will fall apart easily

172 전분으로 소스의 농도를 내다
thicken the sauce with starch

173 뼈를 쓰레기통에 버려라
throw the bones out into the garbage can

174 고기를 1인치 간격으로 실로 묶어라
tie the meat with butcher's twine at 1 inch intervals

175 샐러드를 참깨 드레싱으로 무쳐라
toss the salad with sesame dressing

176 한데 섞은 재료를 중간 크기 그릇에 옮겨 담아라
transfer the mixture to a medium bowl

177 (모양이 잡히게) 닭을 실로 묶다
truss the chicken with butcher's twine

178 20분 정도 가만히 두다
let it sit for 20 minutes

179 생선을 조심스럽게 생선 뒤집개로 뒤집어라
turn the fish gently over with fish spatula

180 불을 낮추어 뭉근히 끓여라
turn the heat down to a simmer

181 불을 _끄다_
turn the heat off

182 불을 200℃까지 올려라
turn the heat up to 200℃

183 뒤집어서 다른 쪽도 색을 내라

turn it over and brown the second sides

184 5분마다 뒤집어라

turn them over every 5 minutes

185 고명으로 쓰다

use it as a garnish

186 칼 끝으로

using the tip of your knife

187 다 익을 때까지 기다려라

wait until fully cooked

188 반죽의 부피가 원래보다 30% 커질 때

when the dough rise up to 30% of its original volume

189 완전히 굳으면 틀에서 꺼내라

unmold them when fully set

190 첫 번째 면이 색이 났으면

when the first sides are browned

191 원래 부피의 두 배가 되게 거품을 내시오

whip two times its original volume

192 종이 타월로 닦아내다

wipe out with paper towel

193 일정 분량씩 나눠서 작업하라

work in batches

194 랩을 두 겹으로 해 바닷가재 꼬리살을 말아라

wrap the lobster tails in a double layer of plastic wrap

195 그건 일년 내내 구할 수 있다

you can get it all year around

196 대신 건고추를 쓸 수 있다
you can use dried chili instead

197 소스를 너무 묽게 만들지 마라
you don't want to make sauce too runny

198 너무 오래 조리하지마
you don't want to overcook it

199 금방 질겨질 수 있으니까
cause it gets easily tough

200 (딴짓하지 말고) 냄비를 계속 지켜봐야 해
you need to watch the pot

어느 조리 선배의 말 3: 자소서, 이력서 쓰기

자기 소개서 쓰기

자기 소개서의 스토리 전개는 연애편지 쓰듯이 하라.

- 나는 어떤 사람인가?
- 나는 어떻게 당신 회사를 알게 되었는가?
- 당신의 어떤 점이 좋아서 나는 당신을 선택했는가?
- 우리 만남이 나한테는 얼마나 절실하고
- 당신 회사에는 어떤 보탬이 될 것인가?
- 잘 되면 서로가 어떤 행복을 누리게 될 것인가?

위의 질문에 대한 확신을 줄 수 있어야 좋은 글이라고 할 수 있다.

- 평범을 넘어서라.
- 첫 문장에서 주목을 끌어라.
- 내가 그 자리를 위해 얼마나 준비된 사람인지를 보여줘라.
- 조직은 왜 내가 필요한지, 내가 조직에 어떤 가능성이 될 지를 분명히 밝혀라.
- 앞으로의 각오와 포부를 밝혀라.

이력서 쓰기

- 중요한 이력을 강조하라.
- 최근 이력을 먼저 써라.
- 간결하고 군더더기 없게 써라(중요하지 않은 것은 빼고)
- 틀린 철자가 없도록 하라.
- 디자인을 독창적이고 깔끔하게 하라.

면접 잘 보기

You can't have a second chance to get the first impression(첫 인상을 만들기 위한 두 번째 기회는 없다)라는 말처럼 한 번에 좋은 이미지를 각인시키는 것이 중요하다.

면접에서 면접관이 중점적으로 보는 것은 거의 다르지 않다.

- 우리 조직에 얼마나 잘 적응할지
- 사람들과의 관계를 잘 해 나갈 수 있는지
- 성실한지
- 역경을 견뎌 본 적은 있는지

- 긍정적인 에너지를 가진 사람인지
- 건강하고 밝은 성격인지
- 조직이 원하는 자리와 얼마나 잘 맞는지(준비되어 있는지)

따라서 면접에서 좋은 인상을 주기 위해서는

- 정장을 잘 차려 입는다.
- 회사에 대한 정보는 사전에 파악한다.
- 대답을 할 때 정확하고 또박또박한 목소리를 낸다.
- 문장과 문장 사이에 음~ 하는 소리를 가능하면 내지 않는다.
- 대답이 틀리더라도 기죽지 말고 남은 질문에 잘 대답한다.

12장

▼▼▼

생생 주방회화

COOKING ENGLISH

12
생생 주방회화

소개

이 장에서는 앞에서 배운 표현을 바탕으로 실전 주방에서 흔히 일어날 수 있는 상황을 가정하고 업무와 관련된 표현을 익힌다.

학습 목표

1. 주방의 조직과 업무 구분에 대한 용어를 익힌다.
2. 각국 요리를 부르는 말을 익힌다.
3. 주방에서 필요한 현장 생활영어 표현을 익힌다.

본문 내용

1. 주방 업무와 각 분야의 셰프 명칭
2. 자주 쓰는 주방회화 표현

1. 주방의 조직 및 구조

1) 주방과 관련된 기능적 구성요소

Purchasing department	구매부
Culinary department	조리팀
Chef's office	셰프 사무실
Cold kitchen	찬 요리 주방
Hot kitchen	뜨거운 요리를 하는 주방
Butcher	고기를 손질하고 준비하는 주방 [부처]
Main kitchen/Production kitchen	소스, 수프 등을 대량 생산하는 주방
Bakery	제과 제빵을 담당하는 주방
Dry storage	마른 재료나 캔 보관 창고
Prep refrigerator	전처리 냉장고
F&B office	식음 사무실(F: Food/B: Beverage)
Steward's office	기물 담당 사무실
Dishwasher	그릇 닦는 곳

2) 수직적 위계에 따른 구분

● **일반 레스토랑**

Chef de cuisine(chief of kitchen)	셰프 드 퀴진
Sous chef de cuisine	수 셰프 드 퀴진 [수~ 드 퀴진]
Chef de partie(chief of party)	셰프 드 빠 -르띠
Cusinier(cook)	퀴지니에
Commis(junior cook)	꼬뮈
Apprenti(e)(Apprentice)	아프랑띠

Stagier	스타지에(견습생)

● 호텔

Executive chef	총 주방장
Executive sous chef	버금 총 주방장
Chef	셰프
Assistant chef	버금 셰프
1st cook	1급 조리사
2nd cook	2급 조리사
3rd cook	3급 조리사
Cook helper	보조 조리사
Trainee(stagier)	실습생

3) 업무에 따른 구분

● BOH 인력(Back of the House, 주방에서 근무하는 조리사)

Boucher(Butcher)	고기를 잡는 사람 [부처]
Garde-Manger	찬 요리를 담당하는 사람 [가르망제]
R tisseur	고기를 굽는 사람 [로티쉐]
Saucier(Saute chef)	소스를 만드는 사람 [쏘씨에]
Poissonier(Fish chef)	생선 요리를 하는 사람 [뿌아쏘니에]
Entremetier	수프, 채소, 메인 가니쉬, 달걀요리 등을 하는 사람 [앙트레메띠에]
Tournant(Roundsman)	전천후로 지원하는 사람 [뚜후낭]
Aboyeur(Expediter)	주문을 불러 원활하게 해 주는 사람 [아보와이에]
Pâtissier(Pastry cook)	페이스트리를 담당하는 사람 [파띠씨에]
Boulanger(Baker)	주로 빵을 만드는 사람 [블랑제]
Chocolatier	초콜릿을 전문적으로 다루는 사람, 초콜릿 장인 [쇼콜라띠에]

- FOH 인력(Front of the House, 홀에서 근무하는 종사원)

Server(Waiter/Waitress)　　　서비스를 해 주는 사람

Ma tre d'h tel(Maitre d'in US/Head Waiter)　수석 웨이터 [메트르디]

Sommelier　　　　　　　와인을 관리하고 서비스 해 주는 사람 [쏘
　　　　　　　　　　　물리에]

Barista　　　　　　　　커피를 손님에게 만들어 주는 사람 [바리스타]

- 요리 유형

Korean cuisine　　　　한식

Chinese cuisine　　　　중식

Japanese cuisine　　　일식

Thai cuisine　　　　　태국식

Vietnamese cuisine　　베트남 요리

Indian cuisine　　　　인도네시아 요리

Western cuisines　　　서양 요리

Italian cuisine　　　　이탈리아 요리

French cuisine　　　　프랑스 요리

Greek cuisine　　　　그리스 요리

Spanish cuisine　　　스페인 요리

Mexican cuisine　　　멕시코 요리

만약 '어느 나라 음식을 파는 식당'이라는 말을 하려면 앞의 형용사형에 restaurant을 바로 붙이면 된다.

Korean restaurant	한식 레스토랑
Chinese restaurant	중식 레스토랑
Japanese restaurant	일식 레스토랑
Thai restaurant	태국 레스토랑
Vietnamese restaurant	베트남 레스토랑
Indian restaurant	인도네시아 레스토랑
Western restaurant	서양 요리 레스토랑
Italian restaurant	이탈리아 레스토랑
French restaurant	프랑스 레스토랑
Greek restaurant	그리스 레스토랑
Spanish restaurant	스페인 레스토랑
Mexican restaurant	멕시코 레스토랑

• 요리사의 복장

Toque
(셰프의 모자)

Neckerchief
(셰프의 넥타이)

Chef's jacket
(셰프의 재킷)

Chef's pants
(셰프의 바지)

Kitchen shoes
(주방 전용 신발)

2. 표현으로 익히는 주방회화

1) 동서양을 막론하고 예절이 제일 먼저

- **셰프(Chef)를 대할 때 쓰는 표현**

Yes, chef	네, 알겠습니다
No, chef	아닙니다
Thank you	감사합니다
You're welcome	천만에요
It's my pleasure	천만에요
Could you ~, Please!	~ 해주시겠습니까?

- **그 밑에 있는 좀 편한 사람에게 대하는 표현**

Sure	물론이죠
I got it	알았어요(이해했다는 뜻이다)
Is this OK?	이렇게 하면 되나요?
No problem	뭘요
Don't mention it	무슨 그런 말씀을요
I don't know/I have no idea	잘 모르겠어요
Until when?/How long?	언제까지?
How was your steak?	스테이크 어땠어?
your fish?	생선 어땠어?
your sauce etc?	소스 어땠어?
This is good!	이거 맛있네/이거 품질 좋네

- **예의를 고려해 문장을 만드는 요령**

부탁을 할 때는 무조건 상대의 의견을 물어보는 공손한 의문형으로 문장을 만들어야 한다. 상대가 허락해 주어야 하는 경우에는 "May I ~, Could I ~"를 쓴다.

"Can I ~"는 미리 자기 생각을 정해놓고 "~해도 되죠?" 정도의 느낌이라고 할 수 있다.

2) 스케줄 및 휴식 관련 표현

스케줄링은 셰프의 고유 업무 중 중요한 부분이다. 보통 호텔 주방에서는 한 달 전에 근무 스케줄을 짜는 경우가 많았지만 고객의 수요에 따라 근무가 바뀌는 업무의 특성 상 최근 들어서는 주 단위로 스케줄을 짜는 경우도 많아지고 있다.

스케줄을 바꾸고 싶거나 아쉬운 얘기를 해야 할 때는 먼저 셰프에게 잠깐 얘기를 하자는 말을 꺼내야 한다.

Can I have a word with you, chef?	잠깐 이야기할 시간을 내주실 수 있나요?
Can you spare me a minute?	시간 내주실 수 있나요?

- **쉬고 싶을 때 쓰는 표현**

May I have/ a day off tomorrow?	저 내일 쉬어도 되나요?
Could I have a day off, tomorrow?	내일 쉬어도 될까요?

- **구체적으로 쉬는 날을 정하고 싶을 때 쓰는 표현**

I was hoping/ to use my annual leave/ on Wednesday
수요일에 연차를 썼으면 하는데요

Could I have one day off/ the day after tomorrow? 모레 쉬어도 되나요?

Could I have a day off/ a week from now? 다음 주 오늘 쉬어도 되나요?

Could I have a day off/ on the 5th of Oct? 10월 5일 날 쉬어도 되나요?

Could I have a day off/ 3 days off in a row? 3일 연속으로 쉴 수 있나요?

QUIZ? 다음 문장을 영작해 보시오.

- 내일 아이가 돌(first anniversary)인데 하루 쉬어도 되겠습니까?
- 3월 5일날 쉬어도 되나요?
- 7월 28일날 쉬어도 되나요?
- 11월 1일날 쉬어도 되나요?

● 스케줄을 바꾸고 싶을 때 쓰는 표현

Could you change my work schedules?

제 근무 스케줄을 바꿀 수 있나요?

Could Mr. Park and I switch our work schedules?

박 씨랑 저랑 근무 바꿀 수 있나요?

● 휴가와 관련된 표현

How many days off/ will I have this month?

이 달에 제 휴가가 며칠이에요?

Could I use/ my annual leave?

연차를 써도 되나요?

- 휴식을 갖고자 할 때 쓰는 표현

보통 주방에서는 같이 쉬고 같이 일을 하기 때문에 화장실을 가는 경우를 제외하고 영업시간에 혼자 쉬는 경우는 없다. 사실 화장실도 미리 해결하고 문제가 안 되도록 해야 하기 때문에 쉬자는 표현은 그리 많지 않다.

Let's take a break	잠깐 쉬었다 합시다
Let's take a coffee break	커피 한 잔 마시고 하죠
May I go to the restroom quickly?	화장실 좀 다녀와도 될까요?

3) 재고와 관련된 표현

- 재고 확인 표현

Did you check ~ ?	재고 확인했니?

'냉장고에 당근이 얼마나 있는지 확인해 봤어?'는 다음과 같이 표현할 수 있다.

Did you check/ how many carrots are/ in the refrigerator?
Did you check/ how many carrots there are/ in the refrigerator?

- 재고가 없을 경우

'감자 재고가 떨어졌다.'는 문장은 다음과 같이 표현할 수 있다.

The potatoes are/ **out of** stock
We ran/ **out of** the potatoes
No more potatoes for tonight

> **TIP**
>
> 미국의 일부 지역에서는 흔히 재료가 떨어졌거나 메뉴에서 빠졌을 때 어떤 주방에서만 쓰는 은어로 86이라는 단어를 쓴다
>
> 86 potatoes(eighty six): "감자가 다 떨어졌어."라는 의미

4) 발주와 관련된 표현

● **재료의 산지를 물어보는 표현**

Where does it come from?	어디 산(産)인가요?, 어느 나라에서 온 거예요?
Is that made in china?	중국산인가요?
Are these products from china?	이거 중국산인가요?
Is this made in Italy?	이거 이탈리아산인가요?

● **주문 확인**

Have you ordered/ what we need for tomorrow?	내일 필요한 거 주문했니?
I think/ we need to order some more	주문을 더 해야겠어요
What do you need?	뭘 찾으시나요? 뭐가 필요하신가요?
How much do you need?	얼마나 필요하신가요?
I just want this much	(손으로 가리키면서) 요만큼 필요한대요

● **식재료의 상태를 나타내는 표현**

① 상태가 안 좋을 경우

The potatoes are **not good** today	오늘 감자 상태가 좋지 않다

The potatoes are not so fresh	감자 상태가 안 좋다
They are all gone	썩었다
They are all rotten	부패했다
They all went bad	좋지 않다
These potatoes are/ too big/too small	너무 크다/너무 작다

These potatoes are/ not the same size

감자의 크기가 일정하지 않다

The size of the potatoes is/ not equal

감자의 크기가 일정하지 않다

The quality of the potatoes is/ not consistent

감자의 품질이 일정하지 않다

QUIZ? 다음 문장을 영작해 보시오.

- 오늘은 브로콜리 상태가 좋지 않네.
- 오늘 마늘이 영 맘에 안 든다(not good).

② 상태가 좋을 경우

These potatoes are/ good today	오늘 감자 상태가 좋다
These potatoes are/ not bad	감자가 꽤 괜찮다
They look so fresh	상태가 좋아 보인다
These are **just perfect**/ for potato chips	

감자칩을 만들기에 딱 좋은 크기네

This is **just perfect** color/ for that 거기에 딱 맞는 색이네

③ 제철과 관련된 표현

The potatoes are/ **in season** now 감자가 제철이다

Fruits and vegetables taste best/ when they are both **out of season**

과일과 채소는 제철에 제일 맛이 좋아

When is the best time/ to buy strawberries?

딸기 사려면 언제가 제철이야?

They are both **out of season** 그건 다 철이 지났어

I think/ they are best/ early in the spring 초봄이 가장 좋은 것 같아

At the peak of the season 한창 제철일 때는

④ 재료와의 조화

Onions work well/ with almost all types of foods

양파는 거의 모든 종류의 음식과 잘 어울린다

● **어디서 ~하나요?(Where ~)**

Where can I buy that? 그거 어디서 사나요?

Where does it grow? 그거 어디서 자라나요?

Where can I get it? 그거 어디서 살 수 있어요?

● **식재료를 대체하고 싶을 때**

Should I use olive oil? 올리브 오일 넣으면 되나요?

Should I start with olive oil? 올리브 오일 먼저 넣으면 되나요?

Can I use vegetable oil instead? 식용유를 대신 넣어도 되나요?

If you can't get it,/ then you can use ~ instead

구할 수 없으면, ~를 대신 써도 돼요

5) 보관, 정리정돈, 도움 주고받기

어떻게 할지 몰라서 물어 볼 때는 "should I ~(~게 하면 되나요?)"를 쓴다.

- **위치 선정에 대한 표현**

Chef, Where should I put this?	셰프, 이거 어디다 두면 되나요?
Should I put this over there?	이거 저기 내려놓으면 되나요?

- **위치 이동에 대한 표현**

You can put it over there	그거 저 쪽에 내려놓으세요(가벼운 명령)
Should I put it/ in this box?	이거 이 상자 안에 넣으면 되나요?
Should I put this/ in the refrigerator?	이거 냉장고에 넣으면 되나요?
Should I put this back/ in the sink?	이거 싱크대에 도로 갖다 놓을까요?

- **도와줄 때 필요한 표현(제가 도와 드릴게요)**

Can I help you?

How can I help you?

Do you need some(any) help?

Do you need a hand?

- **도움이 필요할 때 필요한 표현(도와주세요)**

Please, give me a hand

Can you help me?

- **'언제든지 얘기해!'라는 표현**

Tell me when ~ or let me know when ~라고 표현하면 된다.

Please let me know/ if you need any help

도움이 필요하면 언제든지 얘기해 줘

Please let me know/ if you have any ideas/ about this

이것에 대해 좋은 아이디어 있으면 얘기해 줘

Please tell me/ when you are ready 준비되면 언제든지 알려줘

● 빌려오고 빌려줄 때 필요한 표현

'Could you lend me some ~/Can I borrow some ~' 두 가지 표현을 활용한다.

Can I borrow some onions? 양파 좀 빌려주세요

As long as ~   ~하기만 한다면야

As long as you promise/ you will return

돌려준다고 약속만 해 준다면

As long as you promise/ you will not break it

고장만 안 낸다면

● (심부름으로) 가서 가져와 달라고 부탁할 때 필요한 표현

"(상대가 나와 같이 있을 때) 어디(장소) 가서 ~ 가져 오세요"라고 말하고 싶을 때는 다음과 같은 표현을 활용한다.

Could you go get ○○○ from (장소)? ~(장소에) 가서 ○○○ 좀 가져 올래요?

Can you pick up some milk/ on your way back home?

집에 오는 길에 우유 좀 사다 줄래요?

Could you bring me ~ 목적어? (상대가 건너편에서 이리로 올 때)

Could you bring me some milk/ from the refrigerator?

냉장고에서 우유 좀 갖다 줄래요?

 QUIZ 다음 문장을 영작해 보시오.

- 창고에 가서 토마토 페이스트 한 개만 갖다 줄래요?
- 냉동고에서 새우 한 박스만 갖다 줄래요?
- 냉장고에서 양파 3개만 갖다 줄래요?

- **얼만큼 필요하냐고 물을 때 필요한 표현**

액체와 같이 셀 수 없을 때는 'How much do you need?'라고 하며 셀 수 있는 단위가 있을 때는 'How many do you need?'라고 표현한다.

How many carrots/ do you need?   당근 몇 개 필요한데?

How many pounds of carrots/ do you need?

당근 몇 파운드 필요해?

5 packs, please   5팩 주세요(반드시 please를 붙여야 한다)

QUIZ 다음 문장을 영작해 보시오.

- 몇 갤론(gallon)의 육수가 필요한데?
- 토마토 몇 캔 필요한데?

아래 대화에 나타난 표현을 참고해 보자.

A: I am going to the storage. Anybody wants anything(from there)?
나 창고 가는데 뭐 필요한 사람?

B: I need some milk. Can you grab some milk/ while you are at it?
나 우유 필요한데 가는 김에 우유 좀 갖다 줄 수 있어?

A: How much do you need? Or how many cartons?　얼마나?

B: 2 please.　　　　　　 2팩 부탁해.

A: anybody else?　　　 더 할 사람?

　 anything else?　　　 다른 것 또 없나?

● **소유를 물어볼 경우**

Is this yours?　　　　　 이거 네 거니?

Is this your onion?　　 이 양파 네 거니?

Are these yours?　　　 이것들 네 거니?

Whose knife is this?　 이거 누구 칼이야?

● **뭔가 잃어버린 것을 찾고 있을 때 쓰는 표현**

What are you looking for?　　　　 뭐 찾아? [와라유~]

Have you seen my paring knife?　 너 내 칼 못봤니?

6) 작업 내용 확인할 때

어떻게 쓰는지 방법을 잘 모르는 경우는 "Should I ~(~해야 되나요?)"라는 표현을 쓴다.

Should I slice this?　 이거 썰면 되나요?

Should I dice these?　 이거 다이스 하면 되나요?

써는 방법은 아는데 다르게 썰어도 되는지 물어보는 경우는 다음과 같이 말한다.

Can I dice this?	이거 네모나게 썰어도 되죠?
Can I julienne this?	이거 줄리엔으로 썰어도 되죠?

시킨 일을 맞게 했느냐고 묻고 싶을 때는 다음과 같이 말한다.

Did I do(적절한 동사) + 목적어(this or these) + properly?

Did I slice these properly?	당근 이렇게 썰면 맞게 써는 건가요?
Is this the right way to slice these?	이렇게 썰면 되나요?

● 지난 조리 동작을 물을 때(~ 하셨나요?) 쓰는 표현

Did you ~와 Have you ~를 이용하여 표현할 수 있다. Do 동사의 과거형을 쓰는 경우는 이 요리를 할 때 '늘 그렇게 한다'는 반복적 의미가 담겨 있으며 동작이 끝났다는 것을 강조하고 싶을 때는 have you + p.p가 쓰일 수 있다.

반복적 의미	동작 완료 중심
Did you strain them? 체에 거르셨나요?(늘 그렇게 하냐는 의미)	Have you strained the sauce? 소스 다 걸렀어요?(동작 완료 중심)
Did you sear them? 고기의 겉면을 그을리셨나요? (늘 그렇게 하냐는 의미)	Have you seared them? 고기 겉을 다 그을리셨나요?(동작 완료 중심)
Did you put it in the oven? 오븐에 넣으셨죠?(늘 그렇게 하냐는 의미)	Have you put it in the oven? 오븐에 들어가 있죠?(이미 들어갔다는 데 중점)

- **조리 시간을 물을 때 쓰는 표현**

For how long? 얼마 동안이요?

For how many minutes? 몇 분 동안이요?

For how many hours? 몇 시간 동안이요?

(For) how long do you bake it/ in the oven?

오븐에서 몇 시간 동안 구우시나요?

How many hours do you cook ~ (in the oven)?

(오븐에서) 몇 시간 동안 요리하나요?

- **조리 온도를 물어볼 때 쓰는 표현**

At what temperature ~ 몇 도에서~

At what temperature/ should I roast them?

몇 도에서 구워야 하나요?

At what degree/ oven do you cook it?

몇 도인 오븐에서 요리하나요?

- **결과가 잘 안 나왔을 때 쓰는 표현**

This is not/ what I wanted 내가 원래 계획했던 건 이게 아니야

That's not the color/ that I expect 이거 내가 생각했던 색이 아닌데

- **확인하기(~인지 아닌지 어떻게 알아요?)**

Q: How do you know/ when it's done?

이거 다 된 건지 아닌(익었는지 안 익었는지) 어떻게 알아요?

How do you know/ whether it's good or bad?

그게 좋은 건지 나쁜 건지 어떻게 알아요?

A: Just look at the color/, then you will know 색을 보면 알죠

Just look at the texture,/ then you will know 질감을 보면 알죠

When you see the lazy bubble,/ that means it's done

몽글 몽글 거품이 올라오면 다 됐다는 뜻이에요

Just take one out and taste it,/ then you will know

하나 꺼내서 먹어보면 알 거예요

When you poke the potatoes/ with a chop stick,/ if it easily comes off, /that means it's done 젓가락으로 찔러봐서 쉽게 빠지면 다 익은 거예요

● 다 익었다/다(완성) 됐다는 표현(Done)

Are these all done?   이거 다 익은 거예요?

Are you all done with this(or these)?

(일을 계속 널어놓고 할 때) 너 이거 다 끝난 거야?

● 과정을 묻고 싶을 때 쓰는 표현

When did you do that?   언제 그렇게 하셨어요?

Did you already put the onions/ in the pot?

벌써 양파를 병에 넣으셨어요?

When did you add tomato paste?

언제 토마토 페이스트를 넣으셨어요?

● 시간 제약을 확인하고 싶을 때 쓰는 표현

Q: What time/ should I finish this?   이 일 언제까지 끝내야 되나요?

A: You can finish this by six.   6시 이전에 끝내시면 돼요.

- **'충분한(Enough)'을 이용한 표현**

That's enough	그거면 충분해
That's good enough	그 정도면 충분히 좋지
It's hot enough to drink	마실 수 있을 정도로 따뜻한

Enough는 형용사 + enough의 형태로 쓰이는데 Cold enough, Warm enough가 가장 많이 쓰인다.

Is this **large enough**?	이 정도 크기면 되요?
Is this **hot enough**?	이 정도로 뜨거우면 되나요?
Is this **good enough**?	이 정도면 괜찮나요?
Is this **salty enough**?	이 정도 짜면 되나요?

- **"이 정도 ~ 하면 되나요?"라는 표현(Will this be + 형용사)**

Will this be fine?	이 정도면 괜찮나요?(잘 했냐는 동의를 구하는 듯한 느낌)
Will this be OK?	이 정도면 괜찮은가요?

- **간 좀 봐 달라고 할 때 쓰는 표현(I can't ~)**

I can't taste anything today	오늘은 맛을 못 보겠네요
Could you taste this (for me)?	이거 간 좀 봐 주실 수 있나요?

- **재료가 남을 때 쓰는 표현**

What are you going to do about it?

이걸로 뭐 하려고 이렇게 많이… (골치 아픈 상황)

How are you going to fix this?

(지금 이렇게 하면) 나중에 어떻게 바로 잡으려고? (soup 등을 만들 때)

What are you going to do/ with this?　　　이걸로 뭐할 거야?

What is this for?　　　이거 다 뭐야?(뭐에 쓰는 거야?) [와리즈디스포]

What should I do/ with these leftovers?

이 남은 음식으로 뭘 하지? (어떻게 하지?) [왓슈라이두~]

● **기물이 필요할 때 쓰는 표현**

I think/ we need to order 30 more sheet pans

시트 팬 30개가 더 필요합니다

Why do you need **that many**? (셀 수 있을 때) 왜 그렇게 많이 필요한가요?

Why do you need **that much**?

(셀 수 없는 것일 때) 왜 그렇게 많이 필요한가요?

● **전기 따위를 켜고 끄는 동작의 표현**

Turn it on　　　　　　켜다

Turn it off　　　　　　끄다

Plug it in　　　　　　　콘센트에 꽂다

Pull out the plug　　　전원을 뽑다

Unplug it　　　　　　　전원을 뽑다

Don't touch the plug/ with wet hands

젖은 손으로 플러그를 만지지 마세요

● **기계가 고장 났을 때 쓰는 표현**

This machine is/ not working properly　　　이 기계 잘 안 되는데요

This machine does not work　　　　　　　　이 기계 안 돌아갑니다

It's out of order　　　　　　　　　　　　　　이거 고장 났어요

- 허락을 맡을 때 쓰는 표현(Is it ok ～ to ～)

Is this ok to eat?	이거 먹어도 되는 거예요?
Can I try this?	이거 먹어 봐도 되요?
Do you mind if I try this?	이거 맛 봐도 되나요?(좀 더 공손한 표현)

- 그대로 두라는 표현

You can leave it like this	그냥 이대로 두세요
You can keep it like this	이대로 보관하셔도 되요
You don't want to ruin it	더 만지작거리지 마세요

QUIZ? 다음 문장을 영작해 보시오.

• 이 양파를 이런 식으로 슬라이스하면 되나요?

- "편한 대로(원하시는 대로) 하세요."라는 표현

(Do) As you wish

Do as you want

Do whatever you want

- 금지의 표현

Never를 쓰면 가장 강력한 부정 명령형이 된다

Don't put that/ in there	그거 거기다 놓지 마
Never put anything/ in there	아무 것도 거기다 놓지 마

Never는 ever와 함께 쓰여서 "절대 안 돼!"라는 강조형 문장이 되기도 한다.

Don't put your knife/ in the sink. **Never ever!**
칼을 절대 싱크에 넣지 마세요. 어떤 일이 있어도!

QUIZ❓ 다음 문장을 영작해 보시오.
- 절대 냄비를 도마 위에 올려놓지 마세요.

"절대 ~하지 마세요"는 "Don't ~ "이라고 표현한다. 이 표현은 강한 부정을 나타낸다.

Don't forget to bring (something) when you ~
~할 때 ~ 가져오는 거 잊지 마
Don't 'forget to bring your knife kit/ when you come to school
학교에 올 때 칼 가방 가져오는 거 잊지 마
Don't put that/ in the freezer   그거 냉동고에 넣지 마

Don't와 you don't want to ~ 의 차이를 말하자면 "you don't want ~"는 "~하지 마세요." 정도의 어감이라고 할 수 있다.

You don't want to do that   그렇게 하지 마세요

You don't want to forget to bring ~"은 "You should not forget to bring ~"과 같은 뜻으로 잊지말고 가져와야 한다는 의미이다.
이 want to는 가벼운 명령형 문장에도 not 없이 쓰인다.

You just want to do it like this　이렇게 하세요

QUIZ? 다음 문장을 영작해 보시오.
- 학교 갈 때 칼 가방 가져 오는 거 잊지 마.
- 집에 올 때 우산 가져 오는 거 잊지 마.

- **~해야 한다(You should ~)**

should도 지킬 것은 꼭 지켜야 한다는 어감의 단어이다. must보다 당연히 해야 될 것을 한다는 느낌이 강하고 must는 강제적인 느낌이 더 강하다. should가 딱딱한 어감이라면 좀 더 부드럽게 make sure(확인해라)도 잘 쓰인다.

You should be on time everyday　　매일 정시에 와야 한다

- **~게 하세요(You can ~)**

You can~은 허락을 나타내는 문장이니 완곡한 명령의 느낌을 줄 때도 있다.

You can use/ any vegetables for this
여기에는 아무 야채나 다 넣어도 돼요
If you don't have salmon,/ you can use trout instead
연어가 없으시면 송어를 써도 됩니다

7) 실제 조리과정과 관련된 표현

- 이상한 냄새가 날 때 하는 질문

What's that smell?   이게 무슨 냄새야?

- "나는 냄새 나는 데 무슨 냄새 안 나?"라는 질문(왜 냄새를 못 맡느냐는 표현)

It stinks   아휴, 지독해

Can't you smell something? 아무 냄새 안 나? 나는 코를 찌르는데('너는 왜 못 맡느냐'는 어감)

- (확신이 없는 듯) "무슨 이상한 냄새 안 나?"라고 묻는 질문(동의를 구하는 표현)

Can you smell something?   무슨 이상한 냄새 안나?

I can smell something bad   무슨 안 좋은 냄새 나는데…

I can smell something burning   무슨 타는 냄새 나는데…

- 어떻게 해야 하는지 물어보는 표현

Can you show me/ how to make this?

어떻게 만드는지 보여주실 수 있나요?

How should I finish this?   이거 어떻게 마무리 하나요?

What should I do next?   다음에 뭐하면 되죠?

How do you want me to finish this?   어떻게 마무리해야 되나요?

- "어떻게 하면 이렇게 ~ 되지?"라는 표현

How did you make this carrot soup? It's great

이 당근 수프 어떻게 만드셨어요? 너무 맛있네요!

How did you make carrot soup/ this good?

어떻게 만들면 당근 수프를 이렇게 맛있게 되나요?

- **음식에 대해 칭찬할 때 쓰는 표현**

This is so good!	정말 좋다!
This is delicious	맛있다
How do you make this?	이거 어떻게 만들어요?

How did you make it/ **this glossy**(shiny)?

어떻게 하면 이렇게 윤기가 나죠?

What's the secret to/ **this** sauce?　　이 소스의 비밀이 뭔가요?

- **"오늘 보여줄 요리는 ~ "라는 표현**

Today, I am going to show you how to make Kimchi

오늘 보여줄 요리는 김치입니다

- **레시피를 알려달라는 표현**

한국에서나 다른 나라에서 레시피를 알려 달라고 하는 말은 개인적인 노하우가 담긴 정보를 달라고 하는 것이라 참 조심스럽다. 따라서 적절한 타이밍을 봐서 질문을 해야 함은 물론이고, 칭찬을 한 번 해 준 다음 물어봐야 더 효과가 있다. 일반적으로 레시피를 물을 때 쓰는 표현은 다음과 같다.

May I have your recipe for this, please?　┐

Could I have the recipe for this?　　　　├ 레시피를 알 수 있을까요?

8) 꾸지람, 칭찬, 격려할 때 쓰는 표현

● **자신의 잘못이 이해 안 될 때 쓰는 표현**

What's wrong with that?　　　　　　왜요?, 뭐 그게 문제가 되나요?

(설명해 줬는데) 여긴 왜 이렇지? 여긴 뭐가 문제야

이게 뭐가 문제냐? (내가 보긴 멀쩡한데)

다른 뜻으로 "내가 잘 했는데"라는 뜻도 된다

● **"너 오늘 왜 그래?"라는 표현**

What's wrong with you, today?　　　(뭐가 문제냐는 의미) 뭐 잘 안 돼요?

Do you have any problem with it?

(아랫사람에게) 이거 하는 데 문제 있나? 없지?

● **시간을 재촉할 때 쓰는 표현**

You don't have a whole day for this　하루 종일이냐?

It is not rocket science　　　　　　이걸 하루 종일 하고 있으면 안 돼

It is not brain surgery　　　　　　이런 일은 뜸들이면 안 돼

Ohlala　　　　　　　　　　　　　빨리 빨리 [울랄라]

MOVE! Faster!　　　　　　　　　움직여, 더 빨리!

Move move move!　　　　　　　　움직이란 말이야!

Is this the best you can do?　　　　이게 최선을 다한 거야?

● **조심하라고 할 때 쓰는 표현**

Excuse me　　　　　실례하겠습니다 (혼자일 때)

Excuse us　　　　　잠깐 지나갈게요 (둘 이상일 때)

Behind you!　　　　뒤에 사람 있어요!

Watch out!	조심해요!
Hot! Hot! Hot!	뜨겁습니다!
Watch your back	뒤에 사람 있어요
Coming through!	자, 지나갑시다! (반말)
On your left	(당신) 오른쪽에 사람 있어요
Heads up!	머리 위 조심해요!

● 일을 망쳤을 때 쓰는 표현

I am not myself today   오늘은 제 정신이 아니야

No matter what I do,/ nothing seems to work today

오늘은 하나도 되는 일이 없네

I am having a hard time   (마음대로 잘 안 돼서) 고생 좀 하고 있지

● 망쳤을 때 기분을 나타내는 표현

Oohlala ~   울라라~(놀라움의 표시, 주로 아랫사람이 잘 못한 경우)

Oh my godness(god)!   이런 젠장! [오 마이 굿니스/갓]

Shoot!   제기랄! [슛]

Darn it!   제기랄! [다알닛]

● 스스로 격려할 때 쓰는 표현

Don't be too hard/ on yourself	스스로를 너무 괴롭히지는 마
Think positively	긍정적으로 생각해
Look on the bright side	좋은 면을 봐
That happens all the time	그런 일 있게 마련이지 뭐
Come on, you are not alone	너 혼자 그런 건 아니야

- 일에 대한 칭찬

Good Job!/Excellent job!   잘 했어요!

Keep up the good work   계속 잘 부탁해요 [키펍 더 굿워얼키]

You guys all did a good job today   오늘 여러분 모두 오늘 잘 했어요

- 주방에서 되새길 말, 말, 말

Clean as you go   치워가면서 일해라

Season as you go   간을 중간중간에 해라

Many things at a time,/ but one step at a time

여러 가지 일을 동시에 하되 한 번에 한 가지씩 하라

Measure twice, cut once   두 번 계산하고 한 번에 잘라라

I think timing is everything/ when it comes to cooking

요리에서는 타이밍이 제일 중요하다

Never make the same mistake twice

실수는 누구나 할 수 있지만 같은 실수를 반복해서는 안 된다

Practice makes perfect   연습이 최고를 만든다

1. 다음 문장을 끊어 읽기 표시(/)를 하시오.

No.	문장
1	Add chopped onion in the pan.
2	Add enough salt to flavor the water.
3	Add the cold water to cover the bones by about 5cm.
4	Add the flour and cook, stirring frequently, for about 5 minutes.
5	Add the mirepoix and sachet and continue to simmer the stock for 1 hour, skimming as necessary.
6	Add the onions and garlic to the pan and cook on medium-low heat, stirring from time to time, until the onions are translucent, about 5 minutes.
7	Add the roux to the onions and cook until the roux is very hot about 2 minutes.
8	Add the stock, bay leaves, and thyme and bring to a simmer.
9	Add the wine and stock.
10	Blanch the short ribs for 6 to 8 minutes to remove any impurities.
11	Bring a large pot of water to a boil.
12	Bring the water to a boil in a large pot.
13	Bring to a boil until smooth.
14	Bring to a large pot of salted water to a boil.

No.	문장
15	Check seasoning with salt and pepper, if necessary.
16	Check the seasoning with salt and pepper.
17	Combine the oil, garlic, shallots, basil, oregano, and thyme.
18	Combine the water and salt in a large stockpot and bring to a boil.
19	Cook the tenderloin until tender.
20	Cover the pot and cook the chicken over medium-low heat, until fork-tender and cooked through for 30 to 40 minutes.
21	Cut peppers into $\frac{1}{2}$-in/1.25cm strips.
22	Drain the spaghetti in a colander.
23	Fill the pot with 3 cups of boiling water.
24	Garnish with chopped parsley and serve immediately.
25	Garnish with the chives.
26	Heat the oil in a sauce pot and add the onions.
27	Mix all ingredients in a mixing bowl.
28	Pour the cold water into the pan immediately to stop the reduction.
29	Put some shaved(grated) parmesan cheese on top.
30	Put the garlic and 2 fl oz/60 ml of the oil in a large, deep saucepan and heat over medium heat.
31	Put the sauted fish fillet on a plate presentation side up.
32	Remove the lamb from the heat.
33	Remove the pan from the heat.

34	Remove the spinach from the heat.
35	Return the soup to a simmer at 85℃.
36	Rinse the bones under cool running water and place them in a pot.
37	Rinse under cold running water and drain.
38	Roast in a 191℃ oven until the squash is tender about 1 hour.
39	Saute over medium heat stirring frequently, until the onions are tender and translucent.
40	Season if necessary.
41	Season the chicken pieces with salt and pepper.
42	Season the chicken with salt and pepper.
43	Season with salt and pepper.
44	Simmer for 3 to 4 hours at 82℃.
45	Skim the surface as necessary.
46	Sprinkle the pan from the heat.
47	Steam the corn over boiling water until fully cooked for 4 to 5 minutes.
48	Stir in the butter and cream and season with salt and pepper.
49	Strain through a chinoise.
50	The soup is ready to finish now, or may be rapidly cooled and refrigerated for later service.
51	Use sauteed mushroom as a garnish.

어느 조리 선배의 말 4: 작업 기본 수칙

- 눈은 색, 모양, 숫자를 보는 데 쓰고
- 입은 위험을 알려주고 부탁하고 칭찬하고 격려하는 데 쓰고
- 귀는 무슨 일이 벌어지고 있는지 확인하는 데 써라.
- 손은 두 개다. 동시에 움직여라!
- 입이 부지런하려면 손은 더 부지런해야 한다.
- 주방에서 뛰어 다니지 않는다. 허둥대면 다친다.
- 수첩을 가지고 다니며 모르는 것은 적어라.

주방에서

- Be punctual: 근무시간에 절대 늦지 않는다.
- Clean as you go: 스테이션은 언제 누가 봐도 깔끔하도록 정리하라.
- Always get there 30 minutes in advance and prepare: 30분 일찍 도착하기
- Do clean and organize your station between each batch of works: 중간 청소와 정리 정돈이 기본
- Ask what to do next 10 minutes before you finish the task given to you: 시킨 일이 끝나기 10분 전에 다음에 무엇을 할 지 물어라.
- You should know what ingredients are where: 냉장고에 무엇이 어디에 있는지 파악하라.
- Your job is not done until the ingredients, utensils are in proper place and the station is spotless: 일은 재료가 위생적으로 안정된 상태에 보관되고 기물과 스테이션 정리가 끝나야 끝난 것이다.

COOKING
ENGLISH

APPENDIX
부록

이미지로 이해하는 조리영어

1) 과일, 채소, 허브, 향신료

1. acorn squash
2. anaheim chili pepper
3. apple fuji
4. gala apple
5. pink lady apple
6. artichoke
7. asparagus
8. avocado
9. baking potato
10. basil
11. bean sprouts
12. beet

13. beet leaves

14. blackberry

15. blueberry, raspberry

16. bok choy

17. broccoli

18. broccoli florets

19. broccolini

20. brussels sprouts

21. bulk

22. butter lettuce

23. butternut squash

24. candied apple

25. cantaloupe

26. cardamom

27. carrots

28. cauliflower

29. cleriac

30. champagne grapes

31. chard(1)

32. chard(2)

33. chayote squash

34. cherry

35. cherry tomato

36. snap pea

37. chinese long beans

38. cilantro

39. coconut

40. collard greens

41. curly parsley

42. pear d anjou

43. daikon radishes

44. date

45. fresh dates

46. dill

47. dragon fruit

48. dried shiitake

49. escarole

50. fennel

51. fingering potato(1)

52. fingering potato(2)

53. fresh herbs

54. fresh produce

55. fresh wasabi

56. fried potatoes

57. frisee

58. fruit and vegetable section

59. galangal

60. garlic

61. garlic scape

62. gold cherry

63. golden delicious apple

64 golden raisins

65. granny smith apple

66. grapefruit

67. green bean

68. green grape

69. green leaf lettuce

70. green onion

71. guava

72. habanero chili

73. hachiya persimmon   74. honeydew melon   75. Idaho potato

76. jalapeno chili   77. jerusalem artichoke   78. jicama

79. kale   80. kiwano melon   81. leek(1)

82. leek(2)   83. lemon   84. lemongrass

85. lime   86. long stem strawberry   87. lychee

88. mango

89. mangosteen, rambutan

90. mclntosh

91. morel

92. musk melon

93. napa cabbage

94. nectarine

95. okra

96. orange

97. oregano

98. papaya

99. papaya flesh

100. flat leaf parsely

101. parsnip

102. passion friut

103. peach

104. pear anjou

105. pear bartlett

106. pear bosc

107. pearl onion

108. pepino melon

109. platain

110. plum

111. plum tomato

112. pomegranate

113. portobello

114. potatoes

115. prickly pear

116. purple basil

117. quince

118. radicchio

119. radish

120. radish daikon

121. red bartlet

122. red bell pepper

123. red chard

124. red cherrry

125. red delicious apple

126. red leaf lettuce

127. red onion

128. red pepper

129. red potato

130. roma tomatoes

131. romaine

132. russet potato

133. rutabaga

134. sage

135. savoy cabbage

136. serrano chili

137. shallot

138. snap pea

139. spices

140. squash

141. spaghetti squash

142. sugar snap peas

143. sweet potato

144. tarragon

145. Thai green curry

146. thyme

147. tangerine

148. tomatillo

149. tomato

150. tumeric

151. turnips

152. vanilla bean

153. variety of apples

154. vegetables

155. watercress

156. white corn

157. yam

158. yellow bell pepper

159. yellow squash

160. yucca root

161. zucchini

162. deli

2) 유제품, 육류, 생선류

1. cheese(1)

2. cheese(2)

3. cream cheese

4. egg benedict

5. fried egg

6. French fries with aioli sauce

7. half & half

8. heavy cream

9. mascarpone cheese

10. milk

11. parmigiano cheese

12. poached egg

13. scrambled egg

14. sour cream

15. soy milk

16. unsalted butter

17. whole milk

1. chicken breast

2. whole chicken

3. chicken tenderloins

4. chicken gizards

5. chicken wings

6. drumsticks

7. dry aged

8. ground beef lean

9. ham(1)

10. ham(2)

11. kebab

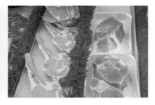

12. lamb chop

13. pork

14. prime rib

15. rib eye

16. ribs

17. roast beef

18. sausage

19. shank

20. short ribs

생선

1. ceviche

2. crab

3. fillet

4. fillet mahi mahi

5. seafood section

3) 양념, 곡물, 견과류, 베이킹 재료, 음료

1. almonds

2. AP flour

3. arborio rice

4. baking powder

5. baking section

6. baking soda

7. barbeque sauce

8. basmati rice

9. bread

10. brunch cafe

11. butter ceam icing

12. butter milk

13. cacao bean

14. cacao nibs

15. cacao pod

16. cane sugar

17. cereal

18. chickpeas

19. chocolate

20. chocolate truffle

21. coconut flakes

22. cointreau

23. corn starch

24. corn syrup

25. crepe

26. croissant

27. cupcake

28. dark brown sugar

29. dessert plate

30. dessert waffle

31. fresh yeast

32. French toast with fruits

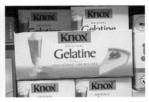
33. gelatine

34. gnocchi

35. granulated sugar

36. hazelnut

37. icing cookies

38. instant dry yeast

39. light brown sugar

40. macaron

41. maple syrup

42. marzipan

43. orange peel

44. pie

45. pad Thai

46. pancake

47. pasta sauce

48. pecan

49. polenta

50. rice

51. risotto

52. salad dressing

53. seasoning

54. rock sugar

55. sweetened
condensed milk

56. tabasco

57. waffle breakfast

58. whole cake

59. wild rice

60. worcestershire sauce

4) 조리 관련 동사

1. adding an egg

2. combine

3. cooling

4. cover food

5. creaming

6. cut it open

7. decorate

8. dusting pan

9. fan out

10. fold in

11. garnish

12. mise en place

13. mix

14. mount(= pile)

15. panning

16. place the pan over high heat

17. plating dessert

18. plating food

19. poached egg

20. prep

21. put them on a plate

22. rendered

23. ripe now

24. setting the table

25. sift

26. spacing out

27. uncooked, shell on

28. whipping

29. with skin on

5) 주방장비와 도구

1. attachments

2. bain marie

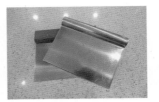

3. bench scaper

4. bowl

5. cheese grater

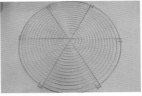

6. cooling rack

7. measuring cups

8. deck oven

9. digital scale

10. docker

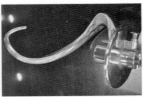

11. dough hook

12. fryer

13. grill

14. hotel pan

15. ice cream chiller

16. ice cream machine

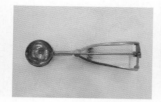
17. ice cream scoop

18. ice machine

19. induction burner

20. ladle

21. lemon juicer

22. lemon reamer

23. measuring spoon

24. melon baller

25. zester

26. mixing bowl

27. muffin tin

28. nonstick pan

29. paddle

30. palatte knife

31. peeler

32. pie roller/dough sheeter

33. piping bag

34. piping tip

35. proofer

36. rolling pin

37. salamander

38. sauce pot

39. saute pan

40. scale

41. sheet pan/bain marie

42. sifter

43. silicon brush

44. sink

45. skimmer

46. spatula

47. squeeze bottle

48. stand mixer

49. steam cattle

50. stove top

51. strainer

52. tall pot

53. vertical mixer

54. whisk

55. work bench

참고문헌

국내문헌

- EBS(2010). EBS Pocket English.

국외문헌

- Anne Willans(1990). La Varienne Pratique. Crown Publishers Inc., New York.
- Christopher Styler(2006). Working the Plate. John Wiley & Sons, Inc., Hoboken New Jersey.
- Editors of Saveur magazine(2001). Saveur Cooks. Chronicle Books LLC, San Francisco.
- Irma S. Rombauer(1997). Joy of Cooking. Scribner.
- Julia Child(1978). Mastering the art of French Cooking. Alfred A Knopf., New York
- The Culinary Institute of America(2011). The Professional Chef. 9th edition. John Wiley & Sons, Inc., Hoboken New Jersey.
- The Culinary Institute of America(2009). Baking & Pastry. 2nd edition, John Wiley & Sons, Inc., Hoboken New Jersey.
- The Culinary Institute of America(2004) Culinary Math. 2nd edition, John Wiley & Sons, Inc., Hoboken New Jersey.
- The Culinary Institute of America(2004). Garde Manger. 4th edition. John Wiley & Sons, Inc., Hoboken New Jersey.
- Thomas Keller(2007). Williams-Sonoma Tools and Techniques. Gold Street Press, San Francisco.
- Shirley O. Corriher(1997). Cookwise. 1st edition, William Morrow and Company, Inc., New York.

웹사이트

- 네이버 지식백과(http://terms.naver.com)
- 위키피디아 백과사전(http://en.wikipedia.org)
- Cooking Light(www.cookinglight.com/cooking)
- Cooks Illustrated(www.cooksillustrated.com)
- Decanter(www.decanter.com)
- Eating Well(www.eatingwell.com)
- Fine Cooking(www.taunton.com/finecooking)
- Food and Wine(www.foodandwine.com)
- Saveur(www.saveur.com)
- The Art of Eating(www.artofeating.com)
- Wine Spectator(www.winespectator.com)

저자 소개

이수부
Culinary Institute of America, New York 졸업, Culinary Arts 전공
경희대학교 관광대학원 조리외식경영학과 석사
현) Minimalist Kitchen 이수부 Chef/Owner

김태현
Culinary Institute of America, New York 졸업, Baking & Pastry 전공
Syracuse University, New York, TESOL 석사
경희대학교 조리외식경영학 박사
현) 대림대학교 호텔조리제과학부 교수

김태형
Culinary Institute of America, New York 졸업, Culinary Arts 전공
경기대학교 외식조리관리 관광학 박사
현) 우송정보대학교 외식조리학과 교수

2판 패턴으로 익히는 생생 조리영어

2014년 3월 7일 **초판 발행**
2016년 2월 5일 **초판 2쇄 발행**
2022년 3월 2일 **2판 발행**

지은이 이수부·김태현·김태형
펴낸이 류원식
펴낸곳 교문사

편집팀장 김경수 | **책임진행** 이유나 | **디자인** 신나리 | **본문편집** 홍익 m&b

주소 10881, 경기도 파주시 문발로 116
대표전화 031-955-6111 | **팩스** 031-955-0955
홈페이지 www.gyomoon.com | **이메일** genie@gyomoon.com
등록번호 1968.10.28. 제406-2006-000035호

ISBN 978-89-363-2296-0(93590)
정가 20,000원